U0257092

ENVIRONMENTAL POLLUTION AND LABOR PRODUCTIVITY

河南大学经济学学术文库

环境污染与劳动生产率

盛鹏飞 著

社会科学文献出版社
SOCIAL SCIENCES ACADEMIC PRESS (CHINA)

　　本书感谢教育部人文社会科学研究基金"与环境污染相关的我国健康不平等研究"（项目批准号为15YJCZH139）的资助。

河南大学经济学科自 1927 年诞生以来，至今已有将近 90 年的历史了。一代一代的经济学人在此耕耘、收获。中国共产党早期领导人罗章龙、著名经济学家关梦觉等都在此留下了他们的足迹。

新中国成立前夕，曾留学日本的著名老一辈《资本论》研究专家周守正教授从香港辗转来到河南大学，成为新中国河南大学经济学科发展的奠基人。1978 年，我国恢复研究生培养制度以后，周先生率先在政治经济学专业招收培养硕士研究生。河南大学于 1981 年首批获得该专业的硕士学位授予权。1979 年，河南大学成立了全国第一个专门的《资本论》研究室。1985 年以后，河南大学又组建了河南大学历史上的第一个经济研究所，恢复和组建了财经系、经济系、贸易系和改革与发展研究院，并在此基础上成立了经济学院。目前，该学院已发展成为拥有经济、贸易、财政、金融、保险、统计 6 个本科专业，理论、应用、统计 3 个一级学科博士点及博士后流动站，20 多个二级学科硕士、博士点，3300 余名本、硕、博等各类全日制在校生以及 130 余名教职员工的教学研究机构。30 多年来，河南大学经济学院培养了大批本科生和硕士、博士研究生及博士后出站人员，并且为政府、企业和社会培训了大批专门人才。他们分布在全国各地，服务于大学、企业、政府等各种机构，为国家的经济发展、社会进步、学术繁荣做出了或正在做出自己的贡献,其中也不乏造诣颇深的经济学家。

在培养和输出大量人才的同时,河南大学经济学科自身也造就了一支日益成熟的学术队伍。近年来,一批50岁左右的学者凭借其扎实的学术功底和丰厚的知识积累已进入著述的高峰期;一批40岁左右的学者以其良好的现代经济学素养开始脱颖而出,显现领导学术潮流的志向和实力;更有一大批30岁左右受过系统经济学教育的年轻人正蓄势待发,不少已崭露头角,初步展现了河南大学经济学科的巨大潜力和光辉未来。

河南大学经济学科组织出版相关学术著作始自世纪交替之际。2000年前后,时任经济学院院长的许兴亚教授曾主持编辑出版了数十本学术专著,在国内学术界产生了一定的影响,也对河南大学经济学科的发展起到了促进作用。

为了进一步展示河南大学经济学科各层次、各领域学者的研究成果,更为了使这些成果与更多的读者见面,以便有机会得到读者尤其是同行专家的批评指正,促进河南大学经济学学术研究水平的不断提升,为繁荣和发展中国的经济学理论、推动中国的经济发展和社会进步做出更多的贡献,我们决定出版"河南大学经济学学术文库"。根据初步拟订的计划,该丛书将分年度连续出版,每年选择若干河南大学经济学院教师的精品著述资助出版。根据需要,也可在丛书中选入少量客座教授或短期研究人员的相关论著。

感谢社会科学文献出版社历任领导及负责该丛书编辑出版工作的相关部门负责人和各位编辑,是他们对经济学学术事业的满腔热情和高效率的工作,使本套丛书的出版计划得以尽快达成并付诸实施;感谢前后具体负责组织本丛书著作遴选和出版联络工作的刘东勋博士、高保中博士,他们以严谨的科学精神和不辞劳苦的工作回报了大家对他们的信任。

分年度出版经济学学术文库系列丛书,对我们来说是第一次。如何公平和科学地选择著述品种，从而保证著述的质量，我们还需要在实践中进行探索。此外，由于选编机制的不完善和作者水平的限制，选入丛书的著述难免会存在这样那样的问题，恳请广大读者及同行专家批评指正。

耿明斋

2013 年 6 月

摘　要

　　日益严峻的环境污染问题迫使人们重新审视经济增长与环境污染之间的关系。经典的环境库兹涅茨假说认为，在低收入国家，经济水平的提高会带来更多的环境污染，而在高收入国家则会导致环境污染水平降低，即环境污染与经济增长之间存在倒"U"形的关系。但是倒"U"形曲线的转折点并不会自动发生，而是基于规模报酬递增的环境治理行为，因此有效的环境规制政策是推动环境污染与经济增长之间的关系快速转折的重要途径。基于经典的庇古税法则，环境规制政策有效制定的主要依据是环境污染造成的社会成本与私人成本之间的差距，但是环境污染造成的社会成本是多方面的，如对居民健康的损害、对可持续增长的威胁、对劳动要素的影响等。已有研究考察了环境污染对劳动供给的影响，但是并没有充分关注环境污染对劳动生产率的影响，正如 Zivin 等（2012）的观点，环境污染可以在不影响劳动供给的前提下对劳动生产率产生显著的影响。因此，本书在内生经济增长理论和环境库兹涅茨假说的基础上建立环境污染影响劳动生产率的理论分析模型，从中国的经济和环境发展现状来考察环境污染对劳动生产率的具体影响，并讨论环境治理行为影响区域经济赶超的效应。

　　首先，不同于传统的经济增长模型将环境污染作为生产活动副产品的观点，本书利用环境库兹涅茨假说将环境污染内生引入经济增长模型，并且通过环境污染影响厂商生产成本和环境污染损害居民健康人力资本等两个渠道来考察环境污染对劳动生产率的影响。其次，从环境污染对厂商成本的影响来看，环境污染对劳动生产率的影响是直接的，包括收入效应和替代效应两个部分。在经济欠发达地区，收入效应和替代效应均表示环境污染有利于劳动生产率的提高；而在经济发达地区，尽管替代效应依然为正，但是收入效应则表示环境污染将不利于劳动生产率的提高。从环境污染损害健康人力资本的角度出发，环境污染对劳动生产率的影响是间接的，包括健康成本效应和健康配置效应，其中健康成本效应在经济发达地区和经济欠发达地区都明显为正，而健康配置效应在经济欠发达地区为负，在经济发达地区则为正。最后，环境污染对劳动生产率的影响是多方面的，并且会因环境规制强度、环境污染强度和经济发展水平的不同而变化。

在理论模型的基础上，本书构建了环境污染影响劳动生产率的实证模型，并利用中国省际层面的经验事实进行实证研究。在计量分析过程中面临的一个重要问题，是传统的劳动生产率指标如人均国内生产总值是一个粗劳动生产率指标，其并不能区分资本、技术等其他投入对产出的贡献。所以本书从边际劳动生产率的角度出发，利用距离函数来建立生产分析框架，然后在完全竞争市场假设下求解劳动生产率，并将效率损失考虑到劳动生产率的计算过程中，从而能够得到净的劳动生产率的测度。最后，从实证结果得出以下几点结论。第一，环境污染对当期劳动生产率有显著的负效应，并且基于三种环境污染物的计量结果是稳健的。第二，环境污染对劳动生产率的短期影响并不显著，但是长期影响则显著为负。第三，为了进一步考察环境污染对劳动生产率的区间效应，运用 Hansen（1999）发展而来的门槛面板模型的结果发现：环境污染对劳动生产率的负效应随着环境污染规模的扩大而扩大；当经济发展水平较低时，环境污染对劳动生产率的负影响较弱，然而随着经济水平的提高，环境污染对劳动生产率的负效应将会扩大；环境污染对劳动生产率的负效应随着环境规制程度的增强呈现出典型的倒"U"形关系。

在获得环境污染影响劳动生产率的理论依据和实证支持的基础上，本书考察了环境污染作为外部因素对劳动生产率收敛性的影响。结合 Barro 等（1992）和 Capozza 等（2002）的观点构建了环境污染影响劳动生产率收敛性的模型，利用门槛面板模型的实证结果表明：中国省际劳动生产率存在显著的 β 绝对收敛，但是在 2000 年之前收敛特征更多地表现为东部地区领先背景下的有限收敛，而在 2000 年之后收敛特征才得以稳定；环境污染对劳动生产率收敛性的影响主要体现在当地区环境污染水平明显高于或者低于平均水平时，劳动生产率的收敛速度是较低的；当地区放松环境管制时，劳动生产率的收敛速度将会降低，并且严格的环境规制措施也将降低劳动生产率的收敛速度，即环境规制强度与劳动生产率的收敛速度之间存在显著的倒"U"形关系。

目 录

第一章　绪论

第一节　问题性质

（一）环境污染情况备受关注

从工业革命开始，人类社会进入了一个飞速发展的时期，并且创造了前所未有的物质财富：来自安格斯·麦迪森所著的《世界经济千年史》中的数据表明世界经济总量从 1820 年的 6944 亿国际元[①]增长到 1998 年的 337260 亿国际元，并且人均 GDP 也增长了 7.5 倍[②]。在物质财富快速增加的同时，自然环境却逐渐陷入了"寂静的春天（Silent Spring）"（Carson，1962）：来自 IPCC（2002）的数据表明，二氧化碳在大气中的浓度从 18 世纪中叶的 270ppm 增长到现在的 368ppm，甲烷浓度也从 700ppm 左右增长到 1750ppm，这些温室气体排放的增长导致了全球气候变暖，并引起海平面上升、病虫害增加、自然灾害频发等严重危及人类生存的问题。因而，环境问题成为人类社会普遍关注的一个重要议题：马尔萨斯在 1798 年出版的《人口学原理》中认为如

---

① 国际元是按照购买力平价方法对不同国家的货币进行转换。
② 世界经济总量用国内生产总值（Gross Domestic Products，GDP）衡量，参考价格为 1990 年价格。

1

果人口得不到有效的抑制，那么自然界提供的粮食产量将不能满足人类的需要，人类社会最终将走到崩溃的境地；米都斯（Dennis L. Meadows）等人提出的"增长的极限"（The limits to Growth）为人类社会描绘了一幅黯淡的图景，即传统的经济发展模式会激化人类与自然之间的矛盾，并且会使人类社会遭受自然的强烈报复（Meadows et al.，1972）；Grossman 和 Krueger（1991，1995）在分析特定的制度变迁——北美自由贸易协定（North American Free Trade Agreement）对环境污染的影响中发现环境污染会随着人均收入水平的提高而呈现先增加后降低的趋势，并被称为环境库兹涅茨曲线（Environment Kuznets Curve，EKC）；在《斯特恩报告》中，尼古拉斯·斯特恩教授指出如果温室气体排放得不到有效的遏制，那么温室效应将会严重阻碍人类社会的发展。在保护环境与经济增长面前，人类愈发认识到环境规制的重要性，然而环境规制的政策制定并未得到一致共识，环境规制问题仍然悬而未决。

（二）环境规制问题扑朔迷离

尽管环境库兹涅茨曲线（Environment Kuznets Curve，EKC）表明随着经济水平的提高，污染物的排放会呈现先增加后降低的趋势，但是EKC的转折点并不会自动到来（Grossman 和 Krueger，1991，1995），因此传统的经济发展模式并不能解决环境污染问题，转变经济发展方式和采取更为严格的环境规制措施是解决环境问题的重要路径。环境规制政策的制定需要考虑环境污染引致的私人成本和社会成本之间的差距，并且有效的环境规制政策不应该对经济的可持续增长产生较大的冲击。

从环境规制对企业创新能力的影响来看：一方面，环境规制政策的引入会明显增加企业的生产成本，从而削弱企业的创新能力和竞争力（Dension，1981；Gray，1987）；另一方面，合理的环境规制政策可以对被规制企业产生有效的激励，促进其通过改善资源配置和提高技术水平来增强竞争力，因此能够减弱环境规制给被规制企业带来的"额外成本"，并进一步提高其生产率（Porter et al.，1991，1995）。从环境规制对收入的影响来看，一方面，环境税的征收推升的生产成本会导致商品价格提高，降低劳动者的实际收入水平，导致劳动供给水平下降；另一方面，环境税的征收可以用来降低所得税水平，从而抵消商品价格上涨对劳动者收入水平的影响（Tullock，1967；Bovenberg and Nooij，1994，1997）。从环境规制对经济增长的影响来看，严格的环境规制政策可以有效改善地区的环境质量，但是会迫使部分污染型产业转移，从而不利于地区经济增长，而宽松的环境规制政策尽管会使地区陷入"污染避难所"（Lenord，1984），但是产业发展和产业转移则会带来明显的经济增长效应。因此关于环境规制政策的制定问题是扑朔迷离的：Pigou（1928）认为环境污染问题的根源在于经济的负外部性，因此在完全竞争市场环境条件下，最优的环境税应该等于污染造成的边际社会损害（即"庇古税"）；基于环境税的"双重红利"（Double Dividend）假说，Tullock（1967）、Kneese 和 Bower（1968）等则认为由于环境税具备双重红利，因此环境税水平应该高于庇古税；而 Bovenberg 和 Mooij（1994）则认为环境税会产生扭曲效应，因此最优的环境税应该低于庇古税；后续的研究从环境税的"双重红利"假说和"税收扭曲"效应出发进一步讨论了最优环境税的制定，但是并没有得到一致的结论（Greiner and Hanusch，1998；Fullerton and Kim，2006；司言武，2008）。

已有的研究通过对环境污染与企业创新、环境污染与经济发展、环境污染与居民收入，和环境污染与劳动供给等角度出发来探讨最优环境规制措施的制定，然而正如 Graff Zivin 和 Neidell（2012）所说的，"环境污染可以在不影响劳动供给的条件下对劳动生产率产生重要的影响"，并且已有研究表明环境污染对劳动生产率有着显著的影响

（Graff Zivin and Neidell，2012；杨俊、盛鹏飞，2012）。因此，深入分析环境污染对劳动生产率的影响将有助于制定合理的环境规制措施。

（三）中国的现实问题

改革开放带来的制度变迁极大地促进了中国的经济发展：其中国内生产总值从 1978 年的 3645.2 亿元增长到 2011 年的 472881.6 亿元①，成为世界上第二大经济体，实际国内生产总值年均增长率高达9.8%。然而，中国经济的高速增长并非来自技术提高，世界银行经济学家 Louis（2009）的估算表明，全要素生产率对中国劳动生产率的贡献从 1978 年到 1994 年间的 46.9% 降低到 2005 年到 2009 年间的31.8%，并且其预计 2010～2015 年，全要素生产率的贡献将会进一步降低到 28.0%，而资本劳动比的贡献在三个时期分别为 45.3%、64.7%和 65.9%。单纯依赖物质资本投入的增加并不能保持中国经济的长期可持续发展（蔡昉，2013），健康、教育、职业培训等人力资本积累的增加才是中国经济增长的源泉，也是中国经济转型的关键。

在经济高速发展的同时，中国的资源压力和环境压力也逐年增加：来自《中国能源统计年鉴》的数据显示，中国的能源自给率②在1992 年首次降低到 100% 以下，成为能源净进口国，并且其能源自给率从 1992 到 2010 年逐年下降，到 2010 年中国的能源自给率仅为91.4%，并且作为国家战略资源的石油的对外依存度在 2010 年已经超过 52.6%；来自英国丁铎尔气候变化中心的《全球碳计划 2012》③ 的成果显示中国 2011 年的碳排放量为 99.68 亿吨，占全球碳排放的28%，是全球第一大碳排放国；来自《迈向环境可持续的未来——中

---

① 数据来自《中国统计年鉴》，其中国内生产总值以当年价格计算，后文中若无特殊说明，则数据均来自《中国统计年鉴》。
② 能源自给率 = 能源生产总量/能源消费总量。
③ 《全球碳计划 2012》是由世界最具权威的学术机构——英国丁铎尔气候变化研究中心发布，并在《自然》杂志的《自然·气候变化》专刊上发表的研究报告。

华人民共和国国家环境分析报告》的结果显示中国最大的 500 个城市中只有不到 1% 的城市达到了世界卫生组织（WHO）的空气质量标准，并且世界上污染最严重的 10 个城市中有 7 个在中国[①]。资源压力和环境压力的日益严峻也对中国经济社会产生了重要的影响：来自《中国环境经济核算报告 2009》的数据显示 2009 年中国的环境退化成本和生态破坏成本合计为 13916.2 亿元，占当年 GDP 的 3.8%；《OECD 中国环境绩效评估》报告指出到 2020 年在中国城市地区约有 60 万人会因为环境污染而过早死亡，平均每年有 2000 万人患上呼吸道疾病和 550 万人患上慢性支气管炎，环境污染对中国居民的健康造成的损失将会占其 GDP 的 13%。

在资源压力、环境压力和增长压力等面前，中国必须走一条"资源节约型、环境友好型"的发展道路，充分发挥人力资本优势，使经济增长由粗放式发展转向全要素生产率驱动型的增长模式（蔡昉，2013）。最后，在经济转型过程中，正确处理好环境污染与劳动生产率的关系是一个重要的问题，同时也是制定有效的环境规制政策的关键环节。

第二节　概念界定

（一）劳动生产率

劳动生产率是指单位时间内劳动所生产的产品和服务的价值总和，也即单位时间内劳动将自然资本转化为人造资本（商品）的数量。劳动生产率是衡量一个国家或者一个产业的增长潜力和竞争力的

---

① 报告中显示世界上污染最严重的 10 个城市分别是太原、米兰（意大利）、北京、乌鲁木齐、墨西哥城（墨西哥）、兰州、重庆、济南、石家庄、德黑兰（伊朗）。

重要指标，并能够反映地区内居民的经济福利水平。而劳动生产率的增长则是指反映生产单元在单位时间内利用劳动所能获得的最大产出的能力的增长，或者在产出约束下最小化劳动投入的能力的提高，其能够进一步反映地区经济发展过程中技术水平的变化。

劳动生产率按照其指标构造的不同可以分为实物型劳动生产率、价值型劳动生产率和比较劳动生产率。其中实物型劳动生产率是指单位时间内劳动所生产的产品或者服务的数量；价值型劳动生产率则是单位时间内劳动所生产的产品和服务的价值总和与劳动投入成本的比值；比较劳动生产率则是指一个部门或者产业的产值占总产值的比重与该部门或者产业内就业劳动力占总劳动力的比重的比值。三种劳动生产率指标分别从不同角度衡量单位劳动的生产结果，但是由于不同地区的价格水平、产业结构、经济发展水平的不同，不同劳动生产率的评价结果也是不同的。如在张金昌（2002）的研究中，采用实物型劳动生产率的分析发现中国制造业劳动生产率远远低于美国、日本等发达国家，而采用价值型劳动生产率的结果则表明中国制造业的劳动生产率将高于日本、美国等，当然这主要是受中国较低的劳动力成本的影响；而比较劳动生产率则反映了一个部门劳动生产率水平的高低，当地区经济发展水平处于起飞阶段时，其农业部门的比较劳动生产率会明显小于1，劳动力会从农业部门向非农业部门流动，而随着地区经济水平的提高，农业部门的比较劳动生产率则会又趋近于1，从而存在较强的时间变化。

按照指标的经济属性，劳动生产率可以分为平均劳动生产率和边际劳动生产率。其中平均劳动生产率是指针对一个经营周期的经营成果，每一单位劳动投入所生产的产品和服务的价值之和，而边际劳动生产率则是指每增加或者减少一单位劳动投入所生产的产品或者服务的价值总和。平均劳动生产率反映了劳动的平均生产能力，而边际劳动生产率则从资源配置角度反映了劳动资源的配置是否合适，当一个部门的边际劳动生产率低于其他部门的边际劳动生产率时，说明该部门内存在劳动投入冗余，降低劳动投入能够获得更高的经济效益。

现有研究中的劳动生产率主要是将地区国内生产总值与地区劳动就业数进行比较来表示[①]：其一种计算方法是用地区国内生产总值与地区劳动就业数量的比值来表示劳动生产率；另一种则是利用距离函数法，用固定劳动投入条件下地区国内生产总值的实际值与潜在值的距离之比或者固定产出条件下实际劳动投入量与最低劳动投入量的距离之比来表示（涂正革、肖耿，2006；杨文举、张亚云，2010）。然而，正如 Graff Zivin（2012）所说的，这种劳动生产率指标并不能将劳动要素与其他投入要素如资本和技术等区分开，并不能得到一个净的劳动生产率（Net Measures of Worker Productivity）。当然这种劳动生产率的度量涉及一个价值创造的问题，在马克思主义政治经济学中其认为价值只能由劳动来创造，而资本只是将其价值转移到所生产的产品或劳务中，并不能产生增值，从而这种劳动生产率的测度是合适的，但是在新古典经济学中，劳动并不是价值的唯一源泉，劳动只有在和资本、土地等相结合的条件下才能创造价值，因此价值是"三位一体"的，劳动生产率的测算需要将资本、土地等其他投入要素的影响剥离之后才能获得净的劳动生产率，也才能更为准确地表述劳动的生产能力。

综上所述，结合本书的研究目的和研究特点，本书希望能够寻找到一个净的劳动生产率的指标来研究环境污染对劳动生产率的影响，也即在劳动生产率指标测算过程中剔除掉资本、技术等因素对产出的贡献。

（二）健康人力资本

良好的健康状况可以显著提高劳动生产率，促进各国的经济增长

---

① 同理，企业的劳动生产率可以用企业的销售额、利润等与企业内职工人数之比来表示。

（World Bank，1993），这说明健康与经济增长是紧密相关的。美国经济学家 Fisher 在 1909 年提交给美国国会的《国家健康报告》中认为健康是一种财富，并且其估算美国的健康财富存量在 1900 年为 2500 亿美元，远远超过了其他形式的资本；Schultz（1961）将健康视为和教育一样是人力资本的两大组成部分，是形成生产力的基础；Mushkin（1962）正式提出了健康人力资本的概念；Baumol（1967）认为尽管健康能够提高个人劳动生产率，并且也可增加个人的效用水平，但是通过健康人力资本投资获得的健康资本并不能成为经济增长的长期动力，仅仅是经济增长的副产品；Fogel（1994a，1994b）的研究表明 1780～1979 年的 200 年间，个人健康水平的提高能够解释英国人均收入增长率的 50% 左右，从而拒绝了 Baumol（1967）的结论，也即健康不是经济增长的副产品，其对经济的长期增长有显著的影响。最后，已有研究发现健康不仅对经济增长有短期的影响，而且对长期的经济增长也有显著的影响，因此健康不是经济增长的副产品，而是一种重要的资本品，即健康人力资本。

对于健康人力资本。Fisher（1909）在美国《国家健康报告》中认为健康财富主要包括因为早亡而导致未来收益减少的净现值，因为疾病而导致的居民工作时间损失和为恢复健康而花费的医疗费用的总和。Schultz（1990）则将健康人力资本定义为每个人的健康状况，其通过有效的健康服务如医疗保健等可以恢复和积累。Fogel 在前人研究的基础上，从食品消耗和影响健康的角度来定义健康人力资本，其认为食品供给的保障可以有效缓解饥荒危机，从而降低居民死亡率，维持人口的持续增长（Richardson，1984；Fogel，1992）；同时食品消费和营养水平的提高可以避免个人遭受由于长期营养不良而产生的疾病，并能够增加个人参与劳动的时间（Fogel，1991；Fogel and Flout，1994）；最后食品消费和营养水平的提高可以改善人类的体魄和身体结构，从而增强人类的抗病能力，提高个人从事劳动的强度（Fogel，

1994a，1994b）。最后，已有研究对健康人力资本的定义有所差异，但是都认为健康人力资本主要是指居民健康水平状况，并可以通过有效的健康服务来恢复和积累。

对于健康人力资本的度量。Thomas 和 Strauss（1997）、Glick 和 Sahn（1998）等利用身高、体重指数、卡路里和蛋白质摄入量等作为健康人力资本的代理变量分别估算了其对巴西城市劳动者收入和几内亚首都科纳克里的劳动力工资的影响；Schultz 和 Tansel（1997）则利用疾病和伤残天数作为健康人力资本分析了其对科特迪瓦和加纳两国居民收入的影响；Gannon 和 Nolan（2003）以身患慢性疾病、残疾和完全或部分生活不能自理为健康人力资本分析了爱尔兰国家的劳动参与情况；Chakraborty（2004）、Bunzel 和 Qiao（2005）用死亡率来衡量健康人力资本，并分析其对经济增长的影响；王弟海等（2008）以人均床位数来衡量健康人力资本，并分析了其对中国经济增长的影响；黄潇（2012）则利用生活质量指数（Quality of Well – being Scale）来衡量健康人力资本，并讨论了中国的健康不平等现状。最后，由于健康是一个复杂的系统，其包括居民先天的遗传因素、健康服务状况、收入水平、工作环境、生活环境等多方面的因素，因此已有研究并没有就健康人力资本的测算达成一致，而主要是通过疾病、健康服务等来侧面反映健康人力资本存量的状况。

（三）环境污染

环境污染是指由于人类活动在消耗自然资源的过程中向自然环境中排放的污染物超过其自净能力时对自然环境造成的破坏，一方面其是经济发展过程中的"非期望产出"（Undesirable Output）（Chung et al.，1997），另一方面则是经济发展的重要承载体，是经济发展过程中的重要投入品（D'Arge，1972）。因此，已有研究将环境污染纳入经济增长的分析框架之内，并认为环境污染具有以下属性：①环境污染是弱可处理的（Weak Disposable），也即环境污染的降低是需要一定成本的；②环境污染与经济发展之间的关系具有零结合性（Null Jointness），即在没有环境污染产生的情况下，人类也得不到足够的经济产出，Fare 等（2006）将其形象地描述为"没有不冒烟的火"；③环境污染与经济发展之间的关系具有方向性（Directional），Chung 等（1997）构建了联合生产函数将非期望产出（环境污染）与期望产出（Desirable Output）同时包括在内，并认为在一定技术水平下，经济活动可以实现期望产出的增加和非期望产出（环境污染）的降低①，从而促使经济活动实现可持续发展。

　　环境污染是一个复杂的系统：按环境要素来分，其包括大气污染、水污染、土壤污染等；按环境污染物来源分，其包括物理污染、化学污染、生物污染、固体废物污染、能源污染等；按人类活动来分则包括工业环境污染、农业环境污染、城市环境污染等。因此采用合理的指标来反映环境污染程度是关系研究结果准确性的关键，而在当前研究中主要采用两类污染指标来反映污染程度。其一是单一污染指标，如工业二氧化硫排放量、工业废水排放量等。单一污染指标选取的合理性主要依赖于所选择指标与所做研究的经济活动之间的关联性是否紧密，如 Hanna 和 Oliva（2011）在分析环境污染对劳动供给的研究中采用二氧化硫②排放量作为环境污染指标，Graffzivin 和 Neidell（2012）在研究环境污染对劳动生产率的过程中则采用臭氧浓度作为环境污染指标，而杨俊、盛鹏飞（2012）在分析环境污染对中国劳动生产率的研究中也采用二氧化硫排放量作为环境污染指标。其二则是综合性环境污染指标，由于不满意采用单一环境污染指标对研究结果造成的不良影响，一些研究开始尝试构造综合性环境污染指标。如 William Rees

---

① 基于此，Chung 等（1997）提出了方向性距离函数（Directional Distance Function）。

② 根据《世界卫生组织空气质量准则》（2006），二氧化硫、臭氧、可吸入颗粒物和二氧化氮是影响人们健康的重要污染物。

等（1992）通过估算维持人类活动的自然资源的消耗量与净化人类活动所产生的环境污染物所需要的生态生产性空间面积，并与给定的人口区域的生态承载力进行比较来构建生态足迹（Ecological Footprint）指标，然后以其来反映人类活动对自然环境破坏的程度。然而，由于综合性环境污染指标的构造方式并不能完全符合环境污染的经济意义和社会意义，因而综合性环境污染指标在已有研究中的应用并不多见，本书则采用多种单一性的环境污染指标来构建环境污染评价体系，以研究环境污染对劳动生产率的影响。

（四）收敛

不同国家和地区在资源禀赋、技术水平、偏好和制度等方面存在的差异，导致其经济发展水平存在较大的差异，然而各个国家和地区的经济发展差异是否会缩小，也即收敛的存在性吸引了较多的研究。已有的关于收敛的研究可以分为两类。

第一类收敛是由 Barro（1984，1991）、Delong（1988）、Barro 和 Slal – I – Martin（1992）等提出的 β 收敛，其认为如果穷国的经济增长速度高于富国，那么穷国倾向于追上富国，也即存在收敛性（如式 1 – 1）。当经济体的增长率与经济收入水平和其稳态之间的差距呈正相关时，称该收敛为条件收敛，而当穷国倾向于比富国经济增长率更高时，则称收敛为绝对收敛。

$$\ln(y_{it}/y_{i,t-1}) = a_{it} - (1 - e^{\beta})\ln(y_{i,t-1}) + u_{it} \qquad (1 - 1)$$

其中 y 为人均产出水平，下表 i 为地区或者国家，t 为时间。

第二类收敛则是由 Easterlin（1960）、Barro（1984）和 Baumol（1986）等提出的 α 收敛，其认为当期初不同国家之间的离差水平大于（小于）稳态时，离差水平将会下降（上升），也即不同国家和地区之间存在收敛现象。然而在存在 β 收敛时，其并不意味着离差水平将会下降，也即 β 收敛是 α 收敛的充分非必要条件。

$$\sigma_t^2 = e^{-2\beta}\sigma_{t-1}^2 + \sigma_{vt}^2 \qquad\qquad (1-2)$$

其中 σ_t^2 为 t 时期所有地区或国家的人均产出水平的方差。

第三节　体系结构

本书从中国环境污染与劳动生产率的发展现状出发，在内生经济增长理论和环境库兹涅茨假说的基础上构建环境污染影响劳动生产率的理论分析模型，然后运用面板误差修正模型和门槛面板模型等计量分析模型来分析环境污染对中国劳动生产率的影响。本书结构具体安排如下。

第一章为绪论。从环境污染问题的本身出发，结合中国经济发展转型这一现实问题来阐述本书的研究背景和研究意义，然后对涉及的重要概念进行了界定，最后简单介绍了本书的研究内容和主要观点。

第二章为主要理论和文献综述。首先从内生增长理论、人力资本理论和环境经济理论等三方面来阐述本书的理论基础，然后从环境污染对居民健康的影响、环境污染与生产率之间的关系和环境污染对劳动供给及劳动生产率的影响等三个角度来梳理已有相关文献，为本书的后续研究提供理论依据和文献支持。

第三章在内生经济增长的基础上，结合环境库兹涅茨假说来构建环境污染影响劳动生产率的理论分析模型。首先从环境污染影响厂商成本的角度出发来探讨环境污染对劳动生产率的直接影响，然而由于环境污染影响劳动生产率的渠道是多方面的，而健康人力资本是连接环境污染与劳动生产率的又一重要桥梁，因此从环境污染损害居民健康人力资本的角度出发来进一步讨论环境污染对劳动生产率的间接影响。

第四章有鉴于传统的劳动生产率指标如劳均国内生产总值在度量地区劳动生产率时存在偏颇，因此利用距离函数构建生产分析框架，在完全竞争市场假设的基础上从边际的角度建立劳动生产率指标，并利用中国 1990～2011 年的省际面板数据进行实证研究。

第五章从二氧化硫污染、氮氧化物污染和二氧化碳污染等三个方面描述了中国的环境污染现状。由于官方统计数据的缺失，本书分别按照与《中国环境年鉴》《中国环境统计年鉴》和《中国统计年鉴》等采用的测度二氧化硫排放量和氮氧化物排放量的方法对缺失数据进行补充，并与已有文献进行比较以保证补充数据的有效性。基于政府间气候变化委员会（IPCC）于 2005 年发布的《国家温室气体清单指南》，本书对中国 30 个省际单元在 1995～2011 年的二氧化碳排放量进行测度。

第六章在理论分析的基础上来构建环境污染影响劳动生产率的实证模型，最后运用面板固定效应模型、面板误差修正模型和门槛面板模型等来实证研究环境污染对劳动生产率的短期影响与长期影响，以及环境污染影响劳动生产率的区间效应。

第七章从中国劳动生产率的省际差距出发，运用 Barro 等（1992）的收敛模型来探讨中国劳动生产率的省际收敛性及在不同时期收敛性的变化。然后，结合 Capozza 等（2002）的模型来构建环境污染影响劳动生产率区域收敛性的实证模型，并利用 Hansen（1999）发展而来的门槛面板模型来探讨在不同环境污染水平和不同环境规制水平下中国劳动生产率的省际收敛性是否会发生变化。

第八章对本书的主要研究结论进行总结，并针对环境规制政策的制定、环境规制的省际公平问题和欠发达地区承接产业转移等提出了相应的政策建议，然后对本书的后续研究进行了展望。

本书的逻辑结构如图 1-1 所示。

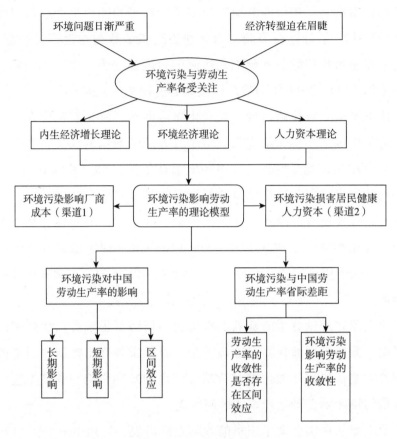

图 1-1　本书逻辑结构

第四节　主要观点

已有研究关注了环境污染对劳动供给的影响（Greestone，2002；Morgenstern 等，2002；陈媛媛，2010；Hanna and Oliva，2015；Yang 等，2013），然而关于环境污染对劳动生产率的影响并不多见。然而，正如 Zivin 和 Neidell（2012）所说，环境污染可以在不影响劳动供给的前提下对劳动生产率产生重要的影响。本书在内生经济增长理论、环境库兹涅茨假说和人力资本理论的基础上，运用局部均衡模型来讨论环境污染对劳动生产率的影响，并对中国省际层面的经验事实进行实证研究，研究结果对环境规制政策的制定和中国经济转型有着重要的理论和现实参考价值。本书的主要观点有以下几个。

（1）不同于将环境污染视为经济发展副产品的传统观点，本书在内生经济增长模型的基础上，运用环境库兹涅茨假说和人力资本理论来构建环境污染影响劳动生产率的模型，并从环境规制和经济发展等两个方面来考察环境污染对劳动生产率的具体影响。首先，从环境污染影响厂商成本信息的角度出发，环境污染对劳动生产率的影响是直接的，并且可以分为收入效应和替代效应；在经济欠发达地区，收入效应和替代效应均表示环境污染有利于劳动生产率的提高；而在经济发达地区，尽管替代效应依然为正，但是收入效应则表示环境污染将不利于劳动生产率的提高。其次，从环境污染损害健康人力资本的角度出发，环境污染对劳动生产率的影响是间接的，并且可以分为健康成本效应和健康配置效应，其中健康成本效应在经济发达地区和经济欠发达地区都明显为正，而健康配置效应在经济欠发达地区为负，在经济发达地区则为正。最后，环境污染对劳动生产率的影响是多方面的，并且会随着环境规制强度和经济发展水平的变化而变化。

（2）有鉴于传统的劳动生产率指标如劳均国内生产总值①（或者人均国内生产总值）是一个粗生产率指标，不能区分其他要素投入对产出的贡献，本书利用距离函数建立生产分析框架，在完全竞争市场假设下构建边际角度上的劳动生产率指标来进行实证研究。基于边际角度的劳动生产率的实证结果表明：环境污染对当期劳动生产率有显著的负效应，并且运用三种环境污染物的计量结果是稳健的；运用面板误差修正模型，计量结果进一步显示环境污染的短期波动对劳动生产率的影响并不显著，但是对劳动生产率的长期影响显著为负；利用

---

① 劳均国内生产总值即国内生产总值与总就业人员数的比值，在已有研究中普遍作为劳动生产率的代理指标。

门槛面板模型，本书讨论了在不同环境污染规模、经济发展水平和环境规制水平下，环境污染对劳动生产率的影响是否存在区间效应，研究发现，随着环境污染规模的扩大，环境污染对劳动生产率的负效应逐渐加强；在较高经济发展水平下，环境污染对劳动生产率的负影响将会增强；在环境规制较为宽松时，环境污染对劳动生产率的影响并不显著，但是随着环境规制愈加严厉，环境污染的负效应也将增强。

（3）已有关于劳动生产率收敛性的研究较多，但是对影响劳动生产率收敛性的外部因素考虑得较少，本书在理论分析和实证研究的基础上，结合 Barro 等（1992）和 Capozza 等（2002）的观点构建了环境污染影响劳动生产率收敛性的模型，从而能够对地区制定兼顾环境治理和经济赶超等双重目标的政策措施提供有力的实证依据。研究发现：中国省际劳动生产率存在显著的 β 绝对收敛，但是在 2000 年之前收敛特征更多地表现为东部地区领先背景下的有限收敛，而在 2000 年之后收敛特征才得以稳定；环境污染和环境规制的省际差距对劳动生产率收敛性的影响主要体现在当地区环境污染水平明显高于或者低于平均水平时，劳动生产率的收敛速度较低，而只有在环境污染水平与平均水平的差距较小时，劳动生产率的收敛速度才是最佳的。当地区放松环境管制时，劳动生产率的收敛速度将会降低，并且严格的环境规制措施也将降低劳动生产率的收敛速度，即环境规制强度与劳动生产率的收敛速度之间存在显著的倒"U"形关系。

第二章　研究基础

第一节　基础理论

（一）内生增长理论

经济增长一直是经济学家关注的焦点，经济增长理论也经历了古典经济增长理论、新古典经济增长理论、内生经济增长理论等不同阶段。在古典经济学中，Smith（1776）认为经济增长主要来源于劳动分工、资本积累和技术进步；Malthus（1978）则认为由于居民收入水平超过均衡水平时会出现死亡率下降和生育率上升的状况，从而长期来看每个国家的人均收入水平都将处于一个静态的均衡水平，并不会出现长期的经济增长；Richardo（1817）认为由于土地、资本和劳动等要素存在边际报酬递减现象，因此长期的经济增长将是不存在的。不同于古典经济学的观点，新古典政治经济学的研究开始探索长期经济增长的动力：Schumpter（1934）认为经济增长是由外生因素决定的，是对旧的生产方式的摒弃①和新的生产方式的应用，主要包括引进新产品、应用新技术、开辟新市场、控制原材料的新的供应来源和企业

---

① 也即"创造性毁灭"。

17

的新组织等；Harrod（1939）和 Domar（1946）则认为决定一个国家经济增长的主要因素是储蓄率和资本产出比；不同于 Harrod - Domar 模型，Swan（1956）和 Solow（1956）认为生产要素是可以充分替代的，并基于此来进一步探讨经济增长的源泉，但是在缺乏技术进步时，长期的经济增长也将是不存在的，也即长期的经济增长取决于外生的技术进步；Cass（1965）和 Koopmans（1965）将 Ramesy（1928）提出的代际交叠思路引入经济增长模型，并内生了新古典经济增长模型中的储蓄率，但是在满足稻田条件①（Inada，1964）的前提下，Ramesy - Cass - Koopmans 模型依然不能保持经济的长期持续增长，长期的经济增长仍然依赖于外生的技术进步；Arrow（1962）认为技术进步是资本积累的产物，并将技术进步看作经济系统内部的内生变量，提出了"干中学"模型，但是当一个国家的技术进步率取决于外生的人口增长率，也即当不存在人口增长时，技术进步也将停止不前，从而也得不到长期经济增长的证据。至此，古典经济学和新古典经济学都没有找到经济长期增长的源头，并且新古典经济增长理论中的种种弊端已经愈发凸显，因此 Romer（1986）、Lucas（1988）和 Rebelo（1991）通过将知识、人力资本等内生化引入经济增长模型中来寻找长期经济增长的源泉。

在 Arrow（1962）提出的"干中学"模型的基础上，Romer（1986）将技术进步内生化来克服"干中学"模型的不足，并提出了 Arrow - Romer 模型。Arrow - Romer 模型认为技术或知识是厂商进行物质资本投资的副产品，并且具有正向的溢出效应，因此一个厂商积累的技术或知识并不仅仅服务于自身的生产活动，而且能够带动整个社会的生产率的提高，从而促进经济的长期增长。但是由于外部性的存在，技术或知识的生产是非帕累托最优的，因此 Romer（1986）进一

---

① 即当生产要素的投入量趋近于零时，其边际产量趋近于无穷大，而趋近于无穷大时的边际产量等于 0。

步指出为了达到帕累托最优，必须有相应的补贴、管制等措施来解决外部性问题。

不同于 Romer（1986）的观点，Lucas（1988）则从 Uzawa（1965）的思路出发分析了人力资本外部性对经济增长的影响。Lucas（1988）认为人力资本投资也是技术进步的来源，但是人力资本的作用效果会受到劳动者个人选择的影响，而制度安排会显著影响人力资本的边际收益率，并影响人力资本溢出效应，因此不同制度安排下的人力资本的溢出效应是经济长期增长的重要影响因素。

Romer（1986）和 Lucas（1988）都强调外部性对经济长期增长的影响，认为技术进步是物质资本投资或者人力资本投资的副产品，然而它们仅仅是避免了在资本积累过程中出现边际收益递减的情况，从而并不能对经济长期增长提供有效的依据。Romer（1990）、Aghion 和 Howitt（1992）以及 Grossman 和 Helpman（1991）则将研发（R&D）和不完全竞争引入经济增长分析框架之内，认为技术是厂商有目的的研发活动的产物，其生产过程常常以某种事后的垄断为奖励，从而经济增长和研发活动处于非帕累托最优状态，产品和生产工艺的创新会带来经济扭曲。因此，在这种框架之下，经济的长期增长往往取决于税收、法律、基础设施建设等政府行为。

（二）人力资本理论

人在经济活动中的作用一直是经济学关注的焦点。亚当·斯密最早在其名著《国富论》中提出人通过接受教育和当学徒等过程中获得的有用的能力应该被纳入固定资本；萨伊在《政治经济学概论》中也提出了具有特殊才能的企业家对生产活动有着重要的作用；李斯特在《政治经济学的国民体系》中认为人类智力成果的积累可以形成精神资本。在古典政治经济学的基础上，人力资本理论主要从教育方面来讨论人力资本：Strumilin（1924）在《国民教育的经济意义》一文中提出了教育投资收益率的概念，并且通过测度发现受过一年初等教育的工人的劳动生产率是直接在工厂工作的工人的 1.6 倍；Walsh（1935）在《人力资本观》中从教育支出和教育收益的对比来定义教育的经济效益，并讨论了高中教育和大学教育在经济上是否是合理的；Galbraith（1958）认为熟练劳动力是经济得以快速发展的重要力量，并且对人的投资和对物质资本的投资是同样重要的。最后，Schultz 发展了现代人力资本理论，认为人力资本投资的来源渠道是多方面的，包括营养和医疗保健、正规教育、在职培训和为适应就业机会的变化而发生的一切活动等；人力资本投资的收益率显著高于物质资本投资的收益率，并且其可以在各个要素之间发挥替代和补充效用，因而人力资本是经济增长的重要源泉；作为人力资本积累的重要渠道，教育可以通过提高个人的知识和技能，从而增加个人收入，并改善个人的收入结构，促进收入分配平等化。此后，Romer（1986）和 Lucas（1988）等也将知识作为人力资本纳入内生经济增长框架来研究经济增长问题。

（三）环境经济理论

自从马尔萨斯在其 1978 年出版的《人口论》中提出关于人口增长与经济发展的著名命题之后，环境资源作为重要的因素开始进入经济增长和社会发展的分析框架，并且 20 世纪 50 年代因环境污染而产生的社会争议也促进了环境经济理论的发展。在 Harrod – Domar 经济增长理论的基础上，D'Arge（1971）讨论了环境污染与经济增长之间的关系；Foster（1972）将环境污染作为重要的生产要素纳入生产函数，并基于新古典增长模型来研究环境污染对经济增长的单向影响；Martinez – Alier（1995）则将环境划分为两类商品，需求收入弹性低的环境奢侈品和需求收入弹性高的环境必需品，并讨论了收入不平等对环境污染的影响；Magnani（2000）认为环境是一种需求富有弹性的产品，因此随着收入水平的提高，商品结构将会向环境友好型方向发展，环境质量也将会得到改善；Jones 和 Manuelli（2001）利用代际交叠模型分析了环境污染与经济增长之间的关系，并且认为在经济水平较低时，由于居民消费水平也较低，因此环境保护治理投资的效益也较低，但是当经济发展达到一定阶段时，人们对环境的要求会越来越高，环保治理投资的效益也将提高。在环境经济理论的发展过程中，Grossman 和 Krueger（1991，1994）的研究结果受到了较多的关注，其认为在经济发展水平较低时，环境污染物的排放量将会随着经济增长而逐渐增加，而在经济发展达到一定程度时，环境污染物的排放量则会随着经济增长而逐渐降低，并且其结论被 Panyotou（1993）发展成为著名的环境库兹涅茨曲线（Environmental Kuznets Curve，EKC）。

对于环境库兹涅茨曲线，到底是一种单纯的经济现象，亦或是经济发展的必然规律，已有研究进行了一定的理论探讨。Grossman 和 Krueger（1991，1994）认为随着经济规模的增加，经济活动所排放的环境污染物也得到增加，但是当经济规模达到一定程度时，产业结构转型和产业技术升级所带来的经济技术的提高会导致单位经济产出所排放的环境污染物下降，所以环境污染与经济增长之间存在显著的倒"U"形关系；Thampapillai 等（2003）则从环境资源的外部性出发，认为在经济增长的同时，环境资源也逐渐变得稀缺，环境资源的外部化行为逐渐内部化，环境资源的成本也逐渐提高，这会增加环境破坏型经济活动的成本，从而迫使经济结构向环境优化型方向发展；从消费者的角度出发，Gawande 等（2001）则认为环境库兹涅茨曲线是家庭的选择行为和流动行为的结果；也有研究从国际贸易（Copeland and Taylor，2004）、科技进步（Markus，2002）和政策导向（Deacon，1994）等角度来解释环境库兹涅茨曲线的成因。

第二节　文献基础

(一) 环境污染与居民健康

环境污染已成为威胁居民健康的重要因素，并受到了越来越多的关注。已有研究主要从两个方面来分析环境污染对居民健康的影响：其一是环境污染对居民健康的具体影响，主要是环境污染对特定疾病类型如冠心病、心脏病、呼吸系统疾病等发病率的影响；其二则是从经济福利的角度出发，探讨环境污染对居民健康水平的损害所导致的社会福利损失。

1. 环境污染对居民健康的具体影响

环境污染对居民健康的具体影响的研究大多采用时间序列分析方法、病例交叉方法（Case – Crossover）和固定群组追踪方法（Panel Study）：其中时间序列分析方法主要针对大型宏观数据集，利用回归分析、Meta 分析等计量方法分析环境污染对居民健康的具体影响；病例交叉方法是由 Maclure（1991）提出的用于研究短期暴露于某种条件对急性病的瞬间发病率的影响的方法，它首先选择发生某种急性事件的病例，然后分别调查事件发生前的暴露情况和暴露程度，并据此来分析暴露危险因子与某种急性病之间的关联程度；固定群组追踪方法是指根据研究需要来选择具有代表性的研究对象，然后在一定的观察期内（一般小于 1 年）观察大气污染暴露水平与某种疾病发生的频率，进而分析大气污染的短期暴露对特定疾病的急性健康效应。

环境污染对具体疾病的影响：Dockrey 等（1994）追踪研究了美国六个城市的 8111 名成年人，14 ~ 16 年之后发现可吸入颗粒物重污染区相对于轻污染区的心血管疾病死亡的相对风险度为 1. 26；Schwartz 等（1996）分别研究了美国六个城市的 PM2. 5 水平与缺血性心脏病每日死亡率之间的关系，研究发现 PM2.5 浓度每增加 10 微克每立方米，缺血性心脏病死亡率将会增加 2.1%，并且其研究得到了 Samet 等（2000）对美国最大的 20 座城市的研究结果的印证；Pope 等（1999）通过收集美国 151 个城市中 552138 名成年人在 1982 ~ 1989 年的数据，发现 PM2.5 浓度每增加 10 微克每立方米，人群总死亡率和心肺疾病死亡率将会分别增加 4.0% 和 8.0%；Hartog 等（2003）使用固定群组追踪分析方法来研究 PM2.5 和超细颗粒物对老年冠心病患者的心肺系统，结果发现当 PM2.5 浓度增加 10 微克每立方米时，患者出现气急气短和活动受限的 OR 值[①]分别是 1.12 和 1.09，并且 PM2.5 浓度与心血管疾病的某些症状紧密相关；Metzger 等（2004）通过收集美国亚特兰大城市 31 家医院在 1993 ~ 2000 年的 4407533 份心血管疾病的急诊资料，然后利用病理交叉分析方法进行研究，发现心血管疾病急诊病例数与可吸入颗粒物（PM2.5）、氮氧化物（NOX）和一氧化碳（CO）等大气污染物的浓度有显著的相关性；Kristin 等（2004）基于暴露 – 反应函数（Exposure – Response Function）考察了可吸入颗粒物、二氧化硫等环境污染物对中国综合死亡率、住院率、慢性呼吸系统疾病发生率等的影响，研究结果发现环境污染对各类疾病状况均有明显的影响，但是中国的暴露 – 反应系数相对于美国和欧洲较低；Ibald – Mulli 等（2004）对 131 例患冠心病的成年人进行研究，发现可吸入颗粒物并未引起血压或心率的改变；Katja 等（2011）利用德国数据分析了室外污染和父母抽烟对三岁以下幼儿身体健康的影响，结果表明室外污染对幼儿身体健康有显著的负效应；Teresa（2013）利用空气质量健康指数（AQHI）来度量健康风险，并采用加拿大安大略省 14 个区域监测站的数据进行研究，发现同一天及随后两天的 AQHI

---

① OR 值是在流行病学中用来衡量暴露因子对特定疾病影响的一个指标，具体用病例组中暴露人数与未暴露人数的比值除以对照组中暴露人数与未暴露人数的比值来衡量，当 OR 值大于 1 时表明暴露因子会导致特定疾病发病率增加。

值与哮喘健康服务利用的增加显著相关；Wu 等（2013）通过对中国北京 39 名大学生的 460 次调查，发现 PM2.5 与血压之间有显著的关联；利用沈阳市 1996～2000 年的大气总悬浮颗粒物的数据，王慧文等（2003）分析了悬浮颗粒物对心血管系统疾病死亡率的影响，研究发现总悬浮颗粒物浓度每增加 50 微克每立方米，总人群的心血管疾病死亡率将会增加 4.27%；使用病例交叉分析方法，阚海东等（2003）分析了上海市居民每日死亡率与可吸入颗粒物、二氧化硫和氮氧化物等污染物浓度变化的影响，研究发现可吸入颗粒物在 48 小时内的平均浓度每增加 10 微克每立方米，心血管疾病的死亡率将增加 0.4%，并且二氧化硫和氮氧化物对居民心血管疾病的影响也非常显著；任艳军、李秀央等（2007）利用时间分层的病例交叉研究方法，采用杭州市 2002～2004 年的大气可吸入颗粒物日均浓度和人群中心血管疾病患者的日均死亡率数据进行研究，发现可吸入颗粒物的日均浓度每增加 10 微克每立方米会导致人群脑卒中死亡风险增加 0.56%，而其他污染物的影响则并不显著；杨敏娟、潘小川（2008）利用北京市城区 2003 年全年的居民死亡数据和同期大气污染物浓度进行研究，发现北京市大气污染对人群健康有短期的直接影响，并且会导致人群中心脑血管疾病死亡率的增加；基于 Grossman 模型（Grossman，1972），苗艳青、陈文晶（2010）利用 2008 年山西省的调研数据分析了可吸入颗粒物和二氧化硫两种大气污染物对居民健康需求的影响，研究发现两种污染物对居民健康需求都有显著的不利影响，并且可吸入颗粒物的影响更大，同时空气污染对健康需求的不利影响仅发生在社会阶层较低的群体上；金银龙、李永红等（2010）采用南京、武汉、深圳、哈尔滨和太原等五个城市的大气中的多环芳烃（PAHs）水平，并利用苯并芘致癌、致突变等效浓度、终身致癌超额危险度和预期寿命损失等四个指标来评价大气中的 PAHs 水平导致的人群健康风险，研究发现五个城市的平均浓度分别是 50.04、34.54、1.18、2.54 和 23.88 纳克每立方米，五个城市的 PAHs 污染所致成人和儿童的终身致癌超额危险度分别为 1.09E（-4）和 6.98E（-5）、5.37E（-5）和 3.40E（-6）、0.80E（-6）和 0.50E（-6）、1.75E（-6）和 1.11E（-6）、1.67E（-5）和 1.06E（-6），成人预期寿命损失分别为 677.19、333.54、4.84、108.54 和 103.68 分钟；运用空气质量指数法，于云江、王琼（2012）评价了兰州市的环境质量和健康风险，研究发现兰州市的可吸入颗粒物均在可接受风险范围之内；利用流行病现状调查法，王金玉、李盛等（2013）选择沙尘天气多发的甘肃省民勤县的两个乡镇和沙尘天气罕见的平凉市崆峒区两个乡镇为调查点进行研究，发现在沙尘天气多发区，居民罹患鼻炎、慢性支气管炎等呼吸系统疾病的概率较高，并且主要集中于 40~50 岁群体；利用病例交叉研究分析方法，董凤鸣、莫运政等（2013）分析了北京市大气颗粒物对居民循环系统疾病死亡的影响，研究发现北京市海淀区循环系统疾病死亡人数的增加与大气颗粒物浓度升高显著相关，并且大气可吸入颗粒物中 PM2.5 比 PM10 的影响更大。

2. 环境污染损害居民健康的社会福利损失

在充分认识到环境污染对居民健康产生不良影响的基础上，大量研究也从经济福利角度分析了环境污染损害居民健康而带来的社会经济福利损失，主要的计算方法包括以下四种。第一，支付意愿法（Willing to Pay）。在具体环境偏好下，居民愿意支付用以降低或者避免环境污染对健康的不利影响的价值之和。第二，疾病成本法。在环境污染已经对居民健康造成伤害的前提下，通过接受医疗服务使居民健康水平恢复到损害前的状态所需要的直接和间接的医疗费用的总和，包括就诊费用、住院费用和未就诊费用。第三，人力资本法。由于健康是人力资本的重要组成部分，环境污染对居民健康的不利影响会显著降低居民的人力资本，因而可以从人力资本角度来衡量环境污染造成的社会福利的损失。它主要包括以下几个步骤：首先是确定所研究的目标污染物对健康的危害程度，然后基于暴露－反应函数（Exposure－Response Function）来定量分析环境污染对健康的损害，最后确定健康损害和经济价值之间的函数关系，并基于此来核算环境污染引致居民健康的社会福利损失。第四，条件价值评估法（Contingent Valuation Method，CVM）。不同于以上所有方法，条件价值评估法是在调查问卷的基础上，从环境污染损害居民健康的物质损失和精神损失两个方面来综合评估环境污染对健康的损害。

陈士杰（1999）通过调查杭州市4家大型医院有关疾病的医疗护理费用和劳动时间的丧失，利用修正人力资本法估算杭州市因大气污染而损害人群健康的经济价值为7.8亿元[①]；利用支付意愿法，彭希哲、田文华（2003）通过调查上海市空气污染对居民呼吸系统疾病造成的损失，发现上海市空气污染疾病损失的意愿支付为51.66亿元，大约占1999年上海市GDP的1.28%；利用潜在寿命损失法、生命价值法（Value of a Statistic Life，VSL）和支付意愿法相结合的方法，胥卫平、魏宁波（2007）对西安市1996年到2003年的大气污染和水污染对人群健康造成的福利损失进行研究，发现西安市1996年到2003年的大气污染和水污染损害健康的经济价值在22.88亿元到43.42亿元之间，占当年GDP比重在3.69%和7%之间；於方、过孝民等（2007）以中国659个县和县级城市为计算单元，利用自下而上的汇总方式计算了中国2004年大气污染造成的健康经济损失，其在1703亿元[②]到6446亿元之间，占地区GDP总和的1.02%到6.0%；综合利用条件价值评估法和人力资本评估法，蔡春光（2009）在假定北京市2005年的空气污染降低50%的情况下，以人力资本法计算的健康经济效益为21.83亿元，而以条件价值评估法计算的健康经济效益则为

---

① 如无特殊说明，本书中所用的价值量均为当年价人民币元。

② 估计下限中早死经济损失按人力资本法计算，估计上限中早死经济损失按支付意愿法计算。

108.91 亿元，其中条件价值评估法远高于人力资本评估法，这主要是因为条件价值评估法所考虑的因素更加全面；桑燕鸿、周大杰等（2010）利用修正的人力资本评估法估算出广东省的大气污染损害人体健康导致的经济福利损失为 112.1 亿元；陈任杰、陈秉衡等（2010）利用支付意愿法估算了 2006 年中国 113 个城市的 PM10 污染对居民健康影响的福利损失，研究结果发现总的健康经济损失为 3414.03 亿元，并且因过早死亡而造成的损失占 87.79%；采用条件价值评估法，曾贤刚、蒋妍（2010）估算了中国空气污染健康损失中的总计生命价值为 100 万元，并且居民年龄、受教育程度、经济条件等都会对其有显著的影响；Daisheng Z. 等（2010）通过构建能源消费、空气污染和公共健康等三者之间的联系来分析空气污染对中国太原市居民健康的损害，研究发现在 2000 年有超过 2200 人因为可吸入颗粒物浓度过高而死，并且其造成的健康经济损失为 8 亿元到 17 亿元，约占太原市 GDP 的 2.4% 到 4.6%；殷永文、程金平等（2011）利用"暴露－反应"函数来估算某市 2009 年霾污染因子对居民健康的影响，并基于此计算出对应的经济损失为 24.61 亿元，占该市当年 GDP 的 0.17%；采用扩展的排放预测和政策分析模型（Emissions Prediction and Policy Analysis Model），Kira M. 等（2011）估算了大气污染损害中国居民健康的经济损失，研究发现尽管中国的空气污染在 1975 年到 2005 年有较大程度的改善，但是臭氧和颗粒物污染所造成的边际健康损失从 1975 年的 220 亿美元增长到 2005 年的 1120 亿美元（1997 年为基期），其中主要原因是观察期内中国快速发展的城镇化和逐渐提高的工资水平。

（二）环境污染与生产率

随着经济社会的发展，环境逐渐成为制约地区经济可持续发展的重要因素，因此将环境污染纳入经济增长分析框架受到了现有研究的大量关注。

1. 包含环境污染的生产率测度框架

环境污染是经济活动中的副产品，并且对居民经济福利的影响显著为负，因此部分研究将环境污染作为非期望产出引入增长核算框架来测算环境污染约束下生产率的变动情况。由于缺乏可交易的市场机制，在衡量包含环境污染的生产率的过程中，为非期望产出分配合理的影子价格（shadow price）信息是最大的难题（Pittman，1983），并且通过调查厂商的减排成本或者评估非期望产出的负外部性来估算污染物的影子价格难以区分用于生产期望产出和用于处理污染物的要素投入（Deboo，1993），因此无法获得污染物的真实价格信息。因而，现有研究大多是基于 Shephard（1970）提出的产出距离函数（Output Distance Function）和 Chung 等（1997）提出的方向性距离函数（Directional Distance Function）来构建包含环境污染因素的联合生产函数，并运用随机前沿分析方法（Stochastic Frontier Analysis，SFA）、数据包络分析方法（Data Envelopment Analysis，DEA）等来计算环境全要素生产率。

在构造包括非期望产出的生产分析框架时，主要有两种情况：一是将非期望产出直接引入生产函数之中；另一种是对非期望产出进行一定的变形，将其倒数形式或者负数形式引入生产函数之中。第一种方法是基于非期望产出的弱可处理性（Weak Disposable）原则，也即非期望产出的减少是有成本的，这种观点符合物质平衡规律和基本的生产理论（Fare et al.，2004，2009）。第二种方法是认为非期望产出可以通过一定的变形转换成正向的变量，从而能够以强处理性（Strong Disposible）原则（Golany and Roll，1989；Lovell，1995）来满足期望产出和变形后的非期望产出都增加的情况（Golany and Roll，1989；Lovell，1995）。

在非期望产出被先验地认为是弱可处理的情况下，环境技术效率指标的构建可以分为两种情况：一是在保证投入固定、期望产出增加和非期望产出降低的情况下来构建环境技术效率指标（Fare et al.，1989；Fare and Grosskopf，2003）；另一种方法是在保证投入和非期望产出不变、期望产出增加的情况下来构建环境技术效率指标（Sahoo et al.，2011）。在非期望产出被先验地认为是强可处理的情况下，环境技术效率指标的构建也可以分为两种情况：一是在保证投入和非期望产出的变形形式（如倒数或负数形式），而期望产出增加的情况下来计算环境技术效率（Korhonen and Luptacik，2004）；二是在保证投入固定、非期望产出的变换形式和期望产出都增加的情况下来测度环境技术效率（Sahoo et al.，2011）。

在模型构建方面，基于 Luenberger（1992，1995）提出的短缺函数（Short Function），Chung 等（1997）构造了方向性距离函数（Directional Distance Fucntion），并在投入固定、期望产出增加和非期望产出降低条件下来建立环境技术效率；Tone（2001）基于 SBM（Slacks – based Model）模型提出了一种采用投入松弛和产出松弛来测度环境技术效率的方法；Portela 等（2004）提出了一个考虑非期望产出的 RDM（Range Directional Model）模型来测度环境技术效率，这种方法保证了测度结果不随样本单元和变量转换的变化而变化，从而能够更好地适应于非期望产出的负数形式的引入，然而由于 RMD 模型主要依靠距离生产前沿最远的样本点来测度样本的效率，因此并不能在样本比较中产生一个有效的效率值和排名；Sharp 等（2007）在 Portela 等（2004）的基础上提出了修正的 SBM 模型（MSBM），MSBM 模型继承了 RDM 模型的优点，同时将投入松弛和产出松弛纳入效率测算中，可以获得更为有效的测度结果；Kerstens 和 Woestyne（2011）提出了更为一般的 Farrell 距离生产函数（Generalized Proportional Distance Manufacture Function，GPDMF），能够将负的投入或者产出引入效率测度过程中；Sahoo 等（2011）基于 GPDMF 生产框架，结合 SBM 模型，在假设非期望产出强可处理的前提下提出了一种新的效率测度方法，并采用 1995 年到 2004 年 22 个经济合作发展组织（OECD）成员国的数据进行实证研究，发现 GPDMF 模型的结果介于 MSBM 模型和 RDM 模型之间，但是基于所有模型的效率排名并没有变化，因此可以采用任何一种 DEA 模型来进行环境技术效率的分析。

2. 中国的环境全要素生产率

中国经济的快速增长伴随着环境污染物排放量的持续增加，因此中国的环境约束下的全要素生产率的衡量受到了既有研究的关注，但是研究结果并不一致，部分文献的结论认为中国的环境全要素生产率低于不包含环境污染的全要素生产率，而另一部分文献则认为环境污染大大降低了中国的全要素生产率。

利用 APEC 国家的数据，王兵等（2008）运用 Malmquist – Luenberger 指数计算了 APEC 国家在无二氧化碳管制、二氧化碳排放水平不变和二氧化碳排放水平降低三种情形下的全要素生产率，研究发现中国、中国香港和中国台湾的全要素生产率在二氧化碳排放水平降低情形下的结果要高于对二氧化碳无管制情形下的结果；运用 SBM 方向性距离函数和 Luenberger 生产率指标，王兵（2010）估算了中国 30 个省份在 1998 年到 2007 年的环境效率[①]和环境全要素生产率[②]，研究发现环境全要素生产率的增长率平均高于传统全要素生产率的增长率，并且能源的过度使用和二氧化硫以及化学需氧量的过度排放是导致环境无效率的主要来源；叶祥松、彭良燕（2011）采用方向性距离函数分别测度了中国省际单元在 1999～2008 年在无环境规制、弱环境规制、中环境规制和强环境规制等[③]四种情况下的环境技术效率和环境全要素生产率，其结果发现考虑环境规制（降低环境污染物的排放）

---

① 环境效率即为将环境污染视为非期望产出引入增长核算框架时测算的综合经济效率。王兵（2010）研究中的环境效率也可称为环境技术效率。

② 环境全要素生产率即为将环境污染视为非期望产出引入增长核算框架时测算的全要素生产率，与现有文献中所提出的环境全要素生产率、环境敏感性生产率、环境约束下的全要素生产率等概念是等同的。

③ 在叶祥松、彭良燕（2011）的文章中，无环境规制是指在测算全要素生产率时并不考虑污染物的排放，弱环境规制是在环境污染物与地区生产总值都增加的情况下测算环境全要素生产率，中环境规制是在环境污染物排放不变的前提下计算环境全要素生产率，强环境规制则是在环境污染物降低的条件下计算环境全要素生产率。

之后中国各地区的平均环境技术效率有一定的提高，并且在中环境规制和强环境规制条件下的环境全要素生产率要高于无环境规制和弱环境规制条件下的全要素生产率；李小胜、安庆贤（2012）基于中国工业 36 个两位数代码行业的投入产出数据的结果发现，尽管环境全要素生产率在平均意义上高于传统的全要素生产率，但是其假设检验并不显著，中国工业的环境全要素生产率从 1998 年到 2010 年一直处于上升状态；利用随机前沿分析方法，匡远凤、彭代彦（2012）估算了中国省际生产单元的环境技术效率和环境全要素生产率，研究发现尽管中国省际生产单元的环境技术效率小于传统的技术效率，但是环境全要素生产率在大多数年份显著高于传统的全要素生产率；将农业生产中的氮磷流失作为要素投入，王奇、王会等（2012）利用随机前沿生产函数估算了中国农业 1992 年到 2010 年的环境全要素生产率，其结果显示中国农业的环境全要素生产率和未包含环境要素的传统全要素生产率并没有明显的区别，但是环境全要素生产率中的效率变化略高于传统的效率变化，而技术进步则略低于传统的技术进步。

以工业二氧化硫排放量作为非期望产出，杨俊、邵汉华（2009）利用 Malmquist – Luenberger 指数测算了中国 1998 年到 2007 年地区工业环境全要素生产率的变化，认为忽略环境因素会高估中国工业全要素生产率的增长，并且技术进步是环境全要素生产率的重要来源；涂正革、肖耿（2009）通过估算中国 30 个省际生产单元 1998～2005 年的规模以上工业企业的环境全要素生产率发现，环境全要素生产率明显高于传统的全要素生产率，但是其差距正在逐步降低，环境管制对经济增长的抑制效应正在降低，环境全要素生产率终将成为中国工业增长的核心动力；陈诗一（2010）通过对中国工业 38 个二位数行业 1980～2008 年的发展事实进行考察，利用方向性距离函数来估算的环境全要素生产率远远低于不考虑或者不正确考虑环境污染的传统全要素生产率，但是改革开放以来中国政府推行的节能减排政策对环境全要素生产率有明显的推动作用；李谷成等（2011）对中国农业省际环境全要素生产率的研究发现，忽略环境因素会显著高估农业的全要素生产率，并且会放大前沿技术进步对全要素生产率的贡献程度，其研究也得到了杨俊、陈怡（2011），薛建良、李秉龙（2011）及王兵等（2011）的支持；利用方向性距离函数，沈可挺、龚健健（2011）计算了中国高耗能行业的环境全要素生产率，考虑了能源消费和环境污染的全要素生产率高于传统的全要素生产率，但是环境全要素生产率与传统全要素生产率的差距主要体现在技术进步的差距，而效率提高对两者的贡献则基本相当；基于对中国污染密集型产业的考察，李玲、陶锋（2011）发现污染密集型行业的环境全要素生产率处于较低的水平，远低于传统的全要素生产率；利用熵值法拟合环境污染综合指数，胡晓珍、杨龙（2011）分析了中国 29 个省际生产单元 1995～2008 年的环境全要素生产率，研究发现考虑环境污染因素之后，中国的全要素生产率的增长率明显下调，并且环境全要素生产率在大多数年份处于负增长状态。

（三）环境污染与劳动行为

环境污染对劳动者的健康人力资本、劳动参与时间决策等产生重要的影响（Linn et al., 1983, 1987; Ponka, 1990），而健康人力资本和劳动参与时间决策是与劳动供给和劳动生产率密切关联的，因此环境污染对劳动的影响是间接的，但是随着经济发展和环境发展的矛盾日益加剧，探讨环境污染对劳动的影响也变得日益重要。既有研究大多从环境规制、环境污染对居民健康人力资本和劳动时间决策等方面来研究环境对劳动的具体影响。

基于"环境双重红利"（Tullock, 1967）的角度，Bovenberg 和 Nooij（1994, 1997）认为环境税同时具有"收入循环效应"（Revenue Recycling Effect）和"税收交互效应"（Revenue Recycling Effect），因

此环境税一方面可以用来降低劳动者所得税，从而可以提高劳动供给，但是另一方面环境税会导致污染性商品价格的提高，从而降低劳动者的实际收入并抵消"收入循环效应"带来的劳动供给增加；Schwartz 和 Repetto（2000）认为环境税的征收可以促进环境质量的改善，从而能够起到提高劳动供给的效用，同时这个观点也得到了 William（2003）的支持；利用美国 ASM（Annual Survey of Manufacturs）和 PACE（The Survey of Pollution Abatement and Control Expenditures）的数据，Berman 和 Linda（2001）分析研究了洛杉矶空气质量管制措施对地区劳动供给的影响，发现空气管制措施并没有对当地的就业形势产生显著影响，而且管制措施的微弱影响仅仅发生在资本密集型企业而非劳动密集型企业；Greestone（2002）的实证研究则认为在美国采取新的清洁空气法后的 15 年内（1967～1982 年），未达标的州县损失了大约 59 万个工作岗位、370 亿美元的物质资本存量和污染密集型行业 750 亿美元的产出；通过对美国造纸业、塑料制品业、石油精炼业和钢铁行业等四个重污染行业的企业层面数据进行分析，Morgenstern 等（2002）发现增加环境保护支出并不会对就业造成显著的负影响，而且每增加 100 万美元的环境保护支出可以带来 1.5 个新增工作岗位（四个行业的平均值）；陈媛媛（2010）则基于中国 25 个工业行业 2001～2007 年的面板数据，从环境管制的角度考察了其对劳动就业的影响，认为劳动与污染是总的替代品，环境管制加强能够提高就业水平；Walker（2013）从环境管制的角度出发，发现环境税的征收会导致商品价格上升，降低劳动者的实际收入水平，从而导致劳动力供给水平下降；Yang 等（2013）构建了一个局部均衡模型来描述环境污染对劳动供给的影响，认为环境污染对劳动供给的影响可以分为直接影响和间接影响两个部分，其中直接影响由环境污染损害劳动者总效用产生，并且其取决于环境污染负效用和劳动的机会成本，而间接影响则是环境污染会导致劳动者实际收入水平下降，从而降低劳动供给水平，然后其利用中国 1991 年到 2010 年的省际面板数据进行实证研究发现，环境污染在短期内对劳动供给有明显的负效应，但是在长期对劳动供给的影响则呈现出显著的倒"U"形关系，同时劳动者收入水平的提高会加剧环境污染对劳动供给的负效应；通过分析墨西哥 Azcapotzalco 石油精炼厂关闭前后周边的环境污染变化，Hanna 和 Oliva（2015）研究了环境污染对周边劳动供给的影响，发现二氧化硫浓度每降低 1 个百分点会导致劳动供给增加 0.61 个百分点，并且其变化独立于劳动市场的供求变化。

正如 Zivin 和 Neidell（2012）所说，环境污染可以在不影响劳动供给的前提下对劳动生产率产生重要影响，因此环境污染对劳动生产率的影响也受到了众多研究的关注。基于一般均衡模型，Bruvoll 等（1999）对挪威的实际经济运行情况进行实证研究，认为环境污染通过对劳动者健康水平和自然资源的消耗来影响劳动生产率，对生产具有一定的促进作用，但是其对社会福利的损害会更大；通过对一家电讯公司两个呼叫中心在不同气温水平下的劳动生产率的比较，Niemela 等（2002）发现在气温较为适宜的呼叫中心中的劳动生产率相对于气温较差水平的呼叫中心中的劳动生产率要高 5% 到 7%；通过将碳排放税的反馈效应（Feedback Effects）分为医疗支出的减少、休闲时间的增加和劳动生产率的提高，Mayeres 和 Regemorter（2008）采用 GEM – E3 模型对欧洲国家进行分析发现环境管制对劳动生产率有正效应，但是其影响较为微弱；将环境作为一种生产要素，杨俊、盛鹏飞（2012）认为环境污染对劳动生产率的影响包括对生产的影响和对劳动者劳动支付决策的影响，然后利用中国省际生产单元 1991～2010 年的事实数据进行研究，发现环境污染对中国当期的劳动生产率有明显的正效应，但是对滞后一期的劳动生产率的影响则显著为负，并且随着环境污染规模的增加，其对劳动生产率的负影响则逐渐加重；采用 OE 公司（Orange Enterprise）提供的关于美国加利福尼亚州一个农场

的工人劳动生产率数据和当地的臭氧浓度数据，Zivin 和 Neidell
(2012) 发现在臭氧水平低于美国联邦空气质量标准时，臭氧浓度的
降低能够显著地提高劳动生产率，10ppb 的臭氧浓度的下降可以导致
劳动生产率提高 4.2%。

第三节　研究述评

本章首先梳理了内生经济增长、人力资本和环境经济等相关理
论，为下一步研究提供了研究基础，然后从环境污染与居民健康、环
境污染与生产率和环境污染与劳动行为等三个角度来综合分析了已有
的研究成果。

（1）利用时间序列分析方法、病例交叉方法（Case‒Crossover）
和固定群组追踪（Panel Study）等方法，已有研究发现环境污染对居
民呼吸系统疾病、心脑血管疾病等有显著的影响，并且用支付意愿法、
疾病成本法、人力资本法和条件价值评估法等评价了环境污染损害居
民健康造成的福利损失。结果普遍认为环境污染已经成为居民健康水
平的重要影响因素，并且对经济社会产生了严重的不良影响。

（2）在方向性距离函数、产出距离函数和索洛生产函数的基础
上，大量研究通过将环境污染因素纳入生产分析框架，运用随机前沿
分析、数据包络分析等参数或非参数方法估算了中国的环境全要素生
产率。然而，由于研究中采用的数据、方法等存在一定差异，现有研
究并没有达成一致共识：一部分研究认为环境全要素生产率高于传统
的全要素生产率，从而实施严格的环境规制措施并不会对中国现有的
经济增长产生压力；而另一部分研究则认为环境全要素生产率低于或
者等于传统的全要素生产率，因此实行严格的环境规制措施势必会对
中国的经济增长产生不良影响。

（3）现有关于环境污染影响劳动生产率或者劳动供给的研究并不多见，并且研究的结果存在较大差异。然而基于中国的实证研究则表明环境污染在短期内尽管对劳动供给和劳动生产率有一定的促进作用，但是从长期来看环境污染的加重将不利于中国劳动生产率和劳动供给水平的提高。

（4）尽管现有研究对环境污染与居民健康、全要素生产率和劳动生产率进行了一定的研究，但是研究结果并不一致。当然这主要是受数据来源、处理方法和研究视角等的影响，因此本书尝试从环境污染对劳动生产率的视角出发，在内生经济增长理论的基础上，构建包括环境污染、健康人力资本和劳动生产率等变量的局部均衡分析模型，阐释环境污染影响劳动生产率的内在机制，并基于中国的省际单元的经验事实来进行实证研究，以提供现实依据。

第三章　理论分析

新古典经济增长理论认为劳动增加、资本积累、技术进步等是经济增长的重要源泉，而作为经济增长重要衡量指标的劳动生产率也受到人均资本存量、技术进步、资源禀赋等因素的影响。已有研究认为环境污染是经济活动的副产品，并且环境污染和经济增长之间具备零结合性，即在没有环境污染物排放的前提下也不会有经济产出。基于 Stokey（1998）拓展的生产函数，环境污染是影响经济可持续增长的核心因素①，因此环境污染对劳动生产率的影响与人均资本存量、技术进步等因素的影响是相类似的，而且这种渠道是通过环境污染直接对经济产出的影响来实现的，即这种影响是直接的。已有文献也证实，环境污染对劳动者的劳动支付意愿、健康人力资本等有显著的影响，而这些因素都是与劳动者的生产率紧密相关的，因此环境污染也可以通过对健康人力资本的影响来作用于劳动生产率，并且这种影响是间接的。本章内容主要从以上两个方面来阐释环境污染对劳动生产率的影响机制。

第一节　环境污染对劳动生产率的直接影响

在不考虑健康人力资本的前提下，本书在传统的生产理论和成本

---

① Stokey（1998）在经典的生产函数中引入了"清洁生产技术"概念，并研究了清洁生产技术对经济可持续增长的影响。

理论的基础上建立环境污染直接影响劳动生产率的局部均衡模型。

(一) 模型分析

1. 模型设定

基于传统的生产理论，假设厂商采用资本（K）、劳动（L）来生产期望产出（Y），那么生产函数可以定义如下：

$$Y_i = F(K_i, L_i) \qquad (3-1)$$

其中 $F(K_i, L_i)$ 表示生产技术，并且其满足稻田条件，即 $F_K \geq 0$、$F_{KK} < 0$、$\lim\limits_{k \to +\infty} F_K = 0$、$F_L \geq 0$、$F_{LL} < 0$、$\lim\limits_{L \to +\infty} F_L = 0$。同时，为了削弱其他要素（K）对劳动生产率的影响，本书利用劳动要素的边际产量来表示劳动生产率（y_i），即 $y_i = \mathrm{d}F_i / \mathrm{d}L_i = F_{L_i}$。

经典的环境库兹涅茨假说（Environmental Kuznets Curve, EKC）认为环境污染物的排放与地区经济发展水平呈现显著的倒"U"形关系（Grossman and Krueger, 1995；Panayotou, 1993），即随着经济发展水平的提高，环境污染物的排放会呈现先增加后降低的变化，并且得到大量实证研究的证明（Kahn, 1998；Kaufman et al., 1998；张晓, 1999；包群、彭水军, 2006；苏伟、刘景双, 2007）[①]。因此本书认为环境污染物的排放（EP）是产出规模的函数：

$$EP_i = \alpha Y_i \qquad (3-2)$$

其中 α 为产出对污染物排放的影响系数，当经济发展水平处于 EKC 的左半段时，$\alpha > 0$；而当经济发展水平处于 EKC 的右半段时，则 $\alpha < 0$。

由于影响居民健康的不仅仅是当期排放的环境污染物，而且包括

[①] 当然，关于 EKC 形成机制的研究众说纷纭（Grossman and Krueger, 1995；Thampapiliai, 2001；Copeland and Taylor, 2004），并且 EKC 的实证研究也并不一致（Perman 等, 2003；庄宇等, 2007；许士春等, 2007；Song Tao, 2008），但是环境污染与经济增长之间存在显著的相关关系的结论已经得到人们的认可。

前期排放尚未被自然或者人工处理掉的留存的环境污染物，因此本书构建如下的环境污染强度指标（E）：

$$E_{i,t} = vE_{i,t-1} + EP_{i,t}$$
$$= vE_{i,t-1} + \alpha Y_{i,t} \qquad (3-3)$$

其中 $E_{i,t-1}$ 为上一期的环境污染，$1-v$ 为自然和人工对污染物的年处理率。

在基本的生产理论的基础上，在给定的生产技术 $F(K_i, L_i)$ 的条件下，厂商的生产成本为资本、劳动和环境污染的函数：

$$C_i = C(K_i, L_i, E_i) \qquad (3-4)$$

在 3-4 式中有 $C_{K_i} = dC_i/dK_i > 0$ 和 $C_{L_i} = dC_i/dL_i > 0$。但是厂商边际要素成本的变化则并不是一定的：如果厂商在生产过程中所投入的资本和劳动的增加是由于厂商需求增加，那么资本和劳动的价格将会上涨，从而导致厂商的边际要素成本增加，即 $C_{K_iK_i} = d^2C_i/dK_i^2 > 0$ 和 $C_{L_iL_i} = d^2C_i/dL_i^2 > 0$；但是如果在生产过程中劳动和资本的增加是由市场供给增加导致的，那么资本和劳动的价格将会下降，从而导致厂商的边际要素成本下降，即 $C_{K_iK_i} < 0$ 和 $C_{L_iL_i} < 0$。

环境污染物排放的成本在不同的条件下是不同的：当不存在环境规制时，环境污染的负外部性会导致厂商的私人成本下降，即 $C_{E_i} = dC_i/dE_i < 0$，并且本书假设随着环境污染物排放量的增加，其对厂商私人成本的影响将会减弱（也即厂商私人成本与社会成本之间的差距），即 $C_{E_iE_i} = d^2C_i/dE_i^2 > 0$；当存在有效的环境规制措施时，环境污染物排放的负外部性会受到惩罚，会导致厂商的私人成本增加，即 $C_{E_i} = dC_i/dE_i > 0$，同时本书认为环境规制措施是累进的，即随着污染物排放量的增加，对厂商的惩罚将逐渐加重，因此有 $C_{E_iE_i} = d^2C_i/dE_i^2 > 0$；由于环境污染物对劳动者的健康水平是不利的，因此环境污染物对厂商支付给劳动者的成本的影响显著为正，即 $C_{L_iE_i} = d\ (dC_i/dL_i)/dE_i > 0$。

2. 模型讨论

在利润最大化的目标约束下，厂商的决策行为模型如下：

$$\max_{L_i} T_i = Y_i - C_i$$

$$= F(K_i, L_i) - C(K_i, L_i, E_i) \qquad (3-5)$$

在 3-5 式的基础上，厂商对劳动的最优选择行为如下：

$$\partial T_i / \partial L_i = \mathrm{d} F_i / \mathrm{d} L_i - \mathrm{d} C_i / \mathrm{d} L_i = 0 \qquad (3-6)$$

$$F_{L_i} = C_{L_i} - C_{E_i} \times \alpha F_{L_i} \qquad (3-7)$$

式（3-6）表明当劳动给厂商带来的边际产出与劳动的边际成本相等时，厂商选择的劳动投入量处于最优状态，并且式（3-7）表明劳动的边际成本包括两个部分，其中 C_{L_i} 是厂商支付给边际劳动的直接成本，而 $-C_{E_i} \times \alpha F_{L_i}$ 则表示每增加一单位劳动带来的产出的增加所增加（或者减少）的污染对厂商所支付的成本的影响。

在（3-7）式的基础上，可以进一步得到：

$$F_{L_i} = \frac{C_{L_i}}{(1 - \alpha C_{E_i})} \qquad (3-8)$$

由于 F_{L_i} 和 C_{L_i} 均大于零，因此公式（3-8）只有在 $(1 - \alpha C_{E_i})$ 大于零的情况下才有意义，也就是说产出对污染物的影响因子与污染物的边际成本的乘积必须小于 1。当研究对象为经济欠发达地区时，有 $C_{E_i} < 1/\alpha$，也即当环境规制措施对边际环境污染物排放的惩罚成本高于 $1/\alpha$ 时，厂商会停止排放环境污染物；当研究对象为经济发达地区时，有 $C_{E_i} > 1/\alpha$，也即当环境污染物的排放降低生产成本的边际贡献低于 $1/\alpha$ 时，厂商也会选择停止排放环境污染物。

（3-8）式可以重写如下：

$$F_{L_i} = \frac{C_{L_i}}{1 - \alpha C_{E_i}} \qquad (3-9)$$

从中我们可以看出，尽管环境污染对产出函数并没有影响，但是厂商的成本函数会受到环境污染的影响，从而对劳动生产率产生直接的影响。令（3－9）式对 E 取导数可以得到环境污染对劳动生产率的具体影响：

$$\frac{\partial F_{L_i}}{\partial E_i} = \frac{C_{L_i Ei}(1 - \alpha C_{E_i}) - C_{L_i}(-\alpha C_{E_i E_i})}{(1 - \alpha C_{E_i})^2}$$

$$= \frac{C_{L_i Ei}}{(1 - \alpha C_{E_i})} + \frac{\alpha C_{E_i E_i} C_{L_i}}{(1 - \alpha C_{E_i})^2} \qquad (3 - 10)$$

式（3－10）表明环境污染对劳动生产率的影响可以分为两个部分，其中 $C_{L_i Ei}/(1 - \alpha C_{E_i})$ 表示环境污染影响边际劳动成本而导致厂商的生产要素组合发生改变对劳动生产率的影响，因此可以称为替代效应（Substitution Effect），而 $\alpha C_{E_i E_i} C_{L_i}/(1 - \alpha C_{E_i})^2$ 则表示由环境污染物的排放规模对环境污染物边际成本的影响导致的劳动生产率的变化，因此可以被称为收入效应（Income Effect）。因为收入效应和替代效应会明显受到地区经济发展水平和环境规制措施的影响而变化，所以本书分别以经济发达地区（EKC 的右半段）和经济欠发达地区（EKC 的左半段）等两个层面来分析环境污染对劳动生产率的影响。

（二）基于经济发达地区的讨论

由于经济发达地区的经济发展水平相对较高，环境污染物排放与经济增长之间的关系处于 EKC 的右半段，因此有 α＜0。然而，由于不同的环境规制措施会明显改变环境污染对劳动生产率的影响，所以本节分别在有环境规制和无环境规制等两种条件下来讨论环境污染对经济发达地区劳动生产率的影响。

在无环境规制条件下：环境污染影响劳动生产率的替代效应显著为正，这是因为环境污染会导致厂商面临的劳动成本增加，并且在其他条件不发生改变的前提下，劳动成本相对于其他要素的成本上升，厂商会选择降低劳动投入而增加其他要素投入，从而会导致劳动的边际生产率提高；收入效应对环境污染影响劳动生产率的贡献明显为负，替代效应尽管提高了劳动生产率，但是替代效应同时也降低了厂商在生产过程中劳动的投入量，从而使得劳动占产出的份额下降，并不利于劳动生产率的提高。

在环境规制条件下：环境污染影响劳动生产率的替代效应和收入效应的方向并没有发生明显变化，但是由于环境污染对厂商的成本信息的影响发生了新的变化，所以其对劳动生产率的影响也将发生变化。对于替代效应，与无环境规制情形相似，环境污染对劳动成本的负效应会导致厂商在生产过程中投入较少的劳动，因此对劳动生产率有一定的促进效应。对于收入效应，在环境规制条件下，环境污染对于厂商来说不仅不能降低成本反而会导致成本提高，因此降低了厂商在均衡时的劳动投入量，对产出产生不利的影响，并抑制了劳动生产率的提高。

对于在不同环境污染物排放水平下，环境污染影响劳动生产率的区别，图 3-1 描述了有环境规制与无环境规制条件下环境污染对劳动生产率的影响随着环境污染物的排放水平的变化而变化的情况：在无环境规制条件下，由于环境污染物排放水平的提高会降低污染，并会降低其对厂商成本的边际贡献，因此替代效应对劳动生产率的正效应最终收敛于 C_{LEi}，而收入效应也将收敛于 $\alpha C_{E_iE_i} C_{L_i}$；然而在环境规制条件下，由于环境规制会导致厂商排放污染物的成本越来越高，因此收入效应会逐渐增加而替代效应则会逐渐降低，并且其都将趋近于零。

最后，在有环境规制和无环境规制等两种情形下，环境污染对经济发达地区劳动生产率的影响都将取决于替代效应与收入效应的总和，当收入效应小于替代效应时，环境污染对劳动生产率的总效应将会为正，而当收入效应大于替代效应时，环境污染会明显降低经济发达地区的劳动生产率。然而，单纯从劳动生产率的角度来看，替代效

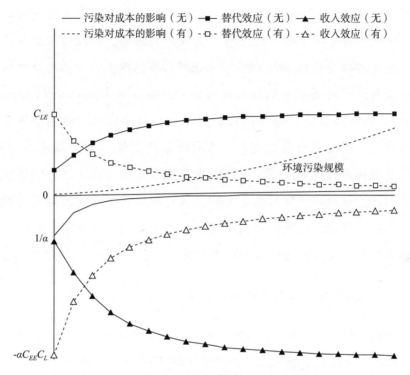

图 3 - 1　环境规制与无环境规制条件下环境污染对
经济发达地区劳动生产率的影响①

应是指厂商对生产要素进行再配置以寻找最优的生产组合，其属于长期影响，而收入效应则是指环境污染物的排放对厂商成本信息的即期影响，其属于短期影响，因此经济发达地区是否应该采取有效的环境规制措施来应对环境污染可以分为两种情形。从短期来看，当环境污染物排放水平较低时，有环境规制时环境污染对劳动生产率的收入效应要低于无环境规制条件下的收入效应，而当环境污染物排放水平较高时，环境规制条件下的收入效应则明显增加，所以在环境污染规模较低时，经济发达地区应该采取宽松的环境规制措施，而当环境污染规模较高时，经济发达地区应该采取严格的环境规制措施。但是这种

①　图 3 - 1 为数值模拟结果，图例中"（无）"意味着不存在环境规制的情形，"（有）"意味着存在环境规制的情形。

环境规制选择行为未必是合理的，这是因为一方面环境污染对劳动生产率影响仅仅考虑了环境污染对厂商成本的影响，而没有考虑其他因素，另一方面经典的 EKC 理论表示在经济发达地区，环境污染物的排放会随着经济发展水平的提高而降低。然而正如 Grossman 和 Kreuger（1991，1994）所说，EKC 的转折点并不会自动到来，而是经济发展方式转变、居民消费模式变化、政府政策改变等多方面因素的结果，因此这种环境规制选择行为也是建立在地区经济发展、居民消费模式变化和政府政策改变等基础之上的。从长期来看，环境污染对劳动生产率的收入效应会逐渐被替代效应所抵消，劳动生产率将不会对经济发达地区的环境规制选择行为产生影响。

（三）基于经济欠发达地区的讨论

不同于经济发达地区，经济欠发达地区的经济水平较低，环境污染物排放与经济增长之间的关系尚处于 EKC 的左半段，也即 $\alpha > 0$，因而环境污染对经济欠发达地区劳动生产率的影响与对经济发达地区的影响是异质的。

在无环境规制条件下，环境污染对劳动生产率的替代效应为正，这点与经济发达地区是一样的；但是收入效应也使环境污染提高了经济欠发达地区的劳动生产率，这点与经济发达地区是不一样的，这是因为经济欠发达地区不同于经济发达地区，经济欠发达地区产出水平的增加会导致环境污染物排放的增加，而环境污染物排放的增加会进一步降低经济欠发达地区厂商的生产成本，并提高均衡产出水平，因此环境污染物影响劳动生产率的收入效应，也将促进经济欠发达地区劳动生产率的提高。

在有环境规制条件下，环境污染对劳动生产率的替代效应和收入效应均没有发生方向性的变化。替代效应的影响路径与无环境规制条件下是一致的，但是收入效应的影响路径则发生变化，尽管环境规制条件下环境污染会明显提高厂商的生产成本，但是由于经济发展水平阶段、产业结构和产业技术等的限制，产出的提高在一定程度上依赖于污染物排放的增加（Fare 等（2006）将其称为"没有不冒烟的火"），所以污染物排放对经济欠发达地区厂商均衡产出有着较强的促进效应，从而有利于劳动生产率的提高。

除了环境污染影响经济欠发达地区劳动生产率的路径有所差异之外，在不同的环境污染物排放水平下有（无）环境规制对环境污染影响经济欠发达地区劳动生产率的替代效应和收入效应也有所区别。图3－2描述了在不同环境污染物排放规模下，有环境规制和无环境规制条件下替代效应和收入效应的变化情况：当不存在环境规制时，随着

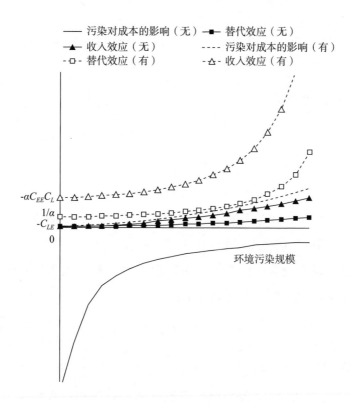

图 3－2　有（无）环境规制条件下环境污染对
经济欠发达地区劳动生产率的影响

环境污染物排放水平的提高，环境污染对厂商生产成本的降低效应增加，但是由于环境污染物排放对厂商生产成本的边际贡献越来越弱，环境污染的替代效应和收入效应会逐渐增加并趋近于 $C_{L,Ei}$ 和 $\alpha C_{E,E_i} C_{L_i}$；当存在环境规制时，由于环境规制对厂商的惩罚会导致厂商生产成本随着环境污染物排放的增加而递增，因此环境污染影响劳动生产率的替代效应和收入效应将会从 $-C_{L,Ei}$ 和 $-\alpha C_{E,E_i} C_{L_i}$ 逐渐增加，并且当环境污染对厂商的边际成本等于 $1/\alpha$ 时达到最大。最后，无论在何种环境污染规模上，有环境规制下环境污染对劳动生产率的影响均大于无环境规制下的情形，从而采取有效的环境规制是经济欠发达地区的均衡选择。

第二节　环境污染对劳动生产率的间接影响

（一）模型分析

1. 模型设定

健康并不会直接对生产产生直接影响，而是作为投资品影响劳动者在市场活动和非市场活动中的时间投入量（Grossman，1972），因此本节仍然保持生产函数与式（3 - 1）的生产函数的一致性，并且环境生产函数也沿用（3 - 2）式的设定。

由于健康人力资本的引入，劳动投入可以被定义为健康人力资本（H）、劳动收入（W）等因素的函数。

$$L_i = L(H_i, W_i) \tag{3-11}$$

在劳动投入决定函数中，不失一般性，可以假设 $L_{H_i} = \mathrm{d}L_i/\mathrm{d}H_i > 0$ 和 $L_{H_i H_i} = \mathrm{d}^2 L_i/\mathrm{d}H_i^2 < 0$，即健康人力资本水平的增加可以提高劳动者的劳动投入，但是随着健康人力资本规模的增加，其对劳动投入量的影响逐渐减弱。

对于健康人力资本，本书在 Grossman（1972）的基础上结合已有的关于健康与环境污染的研究来构建健康生产函数，即健康人力资本是健康人力资本投资（如医疗服务的购买等）、健康投入时间、教育人力资本[①]和环境污染的函数：

$$H_i = H(IH_i, TH_i, ED_i, E_i) \tag{3-12}$$

其中 IH 为健康人力资本投资，TH 为健康投入时间，ED 为教育人力资本，E 为环境污染。由于环境污染对劳动者的健康水平会产生重要的负效应，因此可以设定 $HE_i = \mathrm{d}H_i/\mathrm{d}E_i < 0$。

对于健康人力资本投资，由于其投资目的与物质资本投资（IK）是一样的，因此可以将健康人力资本投资与物质资本投资设定为产出的函数：

$$IH_i + IK_i = s_i Y_i \tag{3-13}$$

其中 s 为投资率。

结合（3-4）和（3-13），厂商的总生产成本为：

$$TC_i = C(K_i, L_i, E_i) + IH_i + IK_i = C(K_i, L_i, E_i) + s_i Y_i \tag{3-14}$$

2. 模型分析

在利润最大化的目标驱使下，厂商的生产决策模型为：

$$\max_{L_i} Z_i = Y_i - TC_i = Y_i - C(K_i, L_i, E_i) - s_i Y_i$$
$$= (1 - s_i)Y_i - C(K_i, L_i, E_i) \tag{3-15}$$

（3-15）的一阶条件为：

$$(1 - s_i)F_{L_i} - C_{L_i} - C_{E_i} \times \alpha \times F_{L_i} = 0 \tag{3-16}$$

---

① 教育人力资本是指劳动者通过接受正式的教育而获得的人力资本积累。Grossman（1972）认为健康水平与受教育水平是成正相关的。

即：

$$F_{L_i} = \frac{C_{L_i}}{1 - s_i - \alpha C_{E_i}} \qquad (3-17)$$

由于 $F_{L_i} > 0$ 和 $C_{L_i} > 0$，因此有 $1 - s_i - \alpha C_{E_i} > 0$，即 $C_{E_i} < (1 - s_i)/\alpha$。

令 (3-17) 式对 E 求导数可得环境污染对劳动生产率的影响：

$$\frac{\partial F_{L_i}}{\partial E_i} = \frac{C_{L_i E_i}}{1 - s_i - \alpha C_{E_i}} + \frac{\alpha C_{E_i E_i} C_{L_i}}{(1 - s_i - \alpha C_{E_i})^2}$$

$$+ \frac{C_{L_i L_i} L_{H_i} H_{E_i}}{1 - s_i - \alpha C_{E_i}} + \frac{\alpha C_{E_i L_i} L_{H_i} H_{E_i} C_{L_i}}{(1 - s_i - \alpha C_{E_i})^2} \qquad (3-18)$$

式 (3-18) 描述了在考虑健康人力资本情形下环境污染对劳动生产率的影响。其中前两项 $C_{L_i E_i}/(1 - s_i - \alpha C_{E_i})$ 和 $\alpha C_{E_i E_i} C_{L_i}/(1 - s_i - \alpha C_{E_i})^2$ 是与健康人力资本不相关的，分别是环境污染影响劳动生产率的替代效应和收入效应。而后两项则是与健康人力资本紧密相关的，$C_{L_i L_i} L_{H_i} H_{E_i}/(1 - s_i - \alpha C_{E_i})$ 反映了由于环境污染对健康人力资本造成的损害降低了劳动供给水平，而劳动供给水平的降低则会导致厂商的劳动成本发生变化，并影响劳动生产率，因此可以称为健康成本效应（Health Cost Effect）。而 $\alpha C_{E_i L_i} L_{H_i} H_{E_i} C_{L_i}/(1 - s_i - \alpha C_{E_i})^2$ 则说明在环境污染产生健康人力资本损害的基础上，环境污染对边际劳动成本的影响会导致生产要素的再配置，并促使劳动生产率发生新的变化，因此可以称为健康配置效应（Health Allocative Effect）。

（二）基于健康成本渠道的讨论

环境污染对劳动供给者的健康人力资本造成损害（$H_{E_i} < 0$），而健康人力资本水平的下降会迫使劳动供给者将更多的时间和财富投入健康生产阶段，从而导致劳动供给水平下降。在厂商劳动需求强度不变的前提下，劳动供给减少会推动劳动力成本的上升（$C_{L_i L_i} > 0$），因此劳动要素的均衡投入量下降，均衡产出水平下降，并引致劳动生产率下降（$C_{L_iL_i}L_{H_i}H_{E_i}/(1-s_i-\alpha C_{E_i})<0$）。然而尽管健康成本效应在经济发达地区或者经济欠发达地区、存在环境规制或者不存在环境规制等条件下均降低了劳动生产率，但是在不同情形下健康成本效应的变化有所不同。

在经济发达地区情形下，由于产出的增加会导致环境污染物排放量的下降，因此 $\alpha<0$，而在资源有限的条件下必须满足 $C_{E_i}>(1-s_i)/\alpha$。如图 3-3 所示，在有环境规制条件下，由于环境污染对厂商的边际成本显著为正（$C_{E_i}>0$），并且随着环境污染规模的增加而增加（$C_{E_iE_i}>0$），因此环境污染影响经济发达地区劳动生产率的健康成本效应最高为 $C_{L_iL_i}L_{H_i}H_{E_i}/(1-s_i)$，并且随着环境污染规模的增加而逐渐趋近于零[①]；在无环境规制条件下，环境污染对厂商的边际成本显著为负

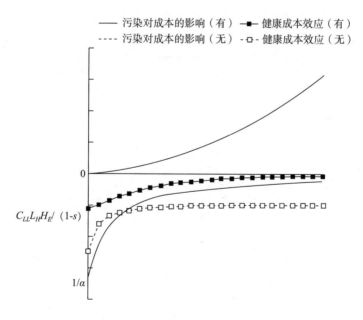

**图 3-3 有（无）环境规制条件下经济发达地区
情形下的健康成本效应**

[①] 由于本书分析的边际环境污染物排放对边际劳动生产率的影响，因此尽管边际影响在降低，但是其对劳动生产率的总影响却在增加。

（$C_{E_i} < 0$），但是其随着环境污染规模的增加而降低（$C_{E_i E_i} > 0$），因此环境污染在程度较低时影响劳动生产率的健康成本效应较高，但是随着环境污染规模的增加而降低，并最终收敛于 $C_{L_i L_i} L_{H_i} H_{E_i}/(1 - s_i)$。最后，无论是在高环境污染物排放水平还是在低环境污染物排放水平，有环境规制条件下环境污染影响劳动生产率的健康成本效应均小于无环境规制情形下的结果，因此考虑健康成本效应的经济发达地区应该选择有效的环境规制措施来规避环境污染对劳动生产率的健康成本效应。

与经济发达地区相类似，环境污染对经济欠发达地区劳动生产率的健康成本效应也显著为负，但是由于经济欠发达地区的经济发展水平相对较低，环境污染与经济增长之间的关系尚处于 EKC 的左半段，因此有 $\alpha > 0$，所以在有限资源约束下有 $C_{E_i} < (1 - s_i)/\alpha$，并且健康成本负效应随着环境污染规模的变化也将呈现出不同的特征。图 3 - 4 描述了在经济欠发达地区情形下有（无）环境规制条件下的健康成本效

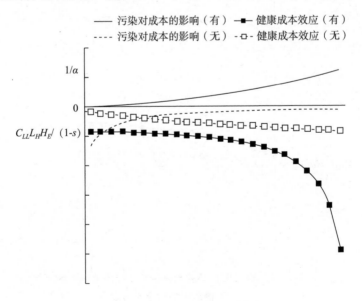

图 3 - 4　有（无）环境规制条件下经济欠发达
地区情形下的健康成本效应

50

应，从中可以发现：在有环境规制条件下，环境污染影响经济欠发达地区劳动生产率的健康成本效应从 $C_{L_iL_i}L_{H_i}H_{E_i}/(1-s_i)$ 开始逐渐增加，并且在 $C_{E_i} = (1-s_i)/\alpha$ 达到最大；在无环境规制条件下，环境污染影响劳动生产率的健康成本效应在环境污染程度较低时并不明显，但是其随着环境污染物排放规模的增加而增加，并且逐渐趋近于 $C_{L_iL_i}L_{H_i}H_{E_i}/(1-s_i)$；最后，无论是在环境污染物排放规模较低的水平还是较高的水平，有环境规制情形下的健康成本效应均明显低于无环境规制情形下的结果，从而说明经济欠发达地区的最优选择是放松环境规制，这与当前各个国家的经济发展形势和环境规制措施是相符合的，然而其并不符合一个地区的长期可持续发展要求。

（三）基于健康配置渠道的讨论

环境污染损害劳动者健康人力资本（$H_{E_i}<0$）会降低劳动供给水平（$L_{H_i}>0$），而劳动供给水平下降会导致劳动的边际成本上升（$C_{L_iL_i}>0$），在资本等其他要素的价格未发生变化时，劳动相对于资本等要素的优势就会下降，从而导致厂商在生产过程中选择投入较少的劳动和更多的资本等其他要素，最终的要素再配置会对生产率产生重要的影响。然而，由于在不同经济发展水平下，环境污染物排放与经济增长之间的关系是不同的，所以健康配置效应对劳动生产率的影响也是不同的。

在经济发达地区情形下，产出的增加会导致环境污染物排放量的下降（$\alpha<0$），因此在资源有限的条件下必须满足 $C_{E_i}>(1-s_i)/\alpha$。由环境污染物排放量的降低产生的健康配置效应会导致均衡时劳动投入量增加，从而对劳动生产率产生较大的促进效应，并且均衡劳动投入的增加也会导致产出水平的增加，并进一步降低环境污染物的排放水平，从而起到负反馈效应（见图 3-5）。在无环境规制条件下，随着环境污染物排放量的增加，边际环境污染对厂商成本的影响逐渐减弱（$C_{E_i}<0$，$C_{E_iE_i}>0$），因此环境污染的健康配置效应逐渐降低，并收敛

于 $\alpha C_{E_i L_i} L_{H_i} H_{E_i} C_{L_i} / (1-s_i)^2$。在环境规制条件下，随着环境污染物排放量的增加，边际环境污染物对厂商成本的影响逐渐增强，因此导致环境污染的健康配置效应从 $\alpha C_{E_i L_i} L_{H_i} H_{E_i} C_{L_i} / (1-s_i)^2$ 开始逐渐降低，并且趋近于零。最后，从环境污染的健康配置效应来看，无论是在低环境污染物排放水平还是在高污染物排放水平下，经济发达地区均应该采取宽松的环境规制措施，而健康成本效应的分析则表明经济发达地区在不同环境污染物排放情形下均应该采取严格的环境规制措施。然而由于健康成本效应是环境污染通过健康渠道对劳动生产率产生的短期影响，而健康配置效应则属于长期影响，所以经济发达地区的环境规制选择行为可以进一步定义为在短期内采取严格的环境规制措施，而在长期则应该适当放松环境管制。

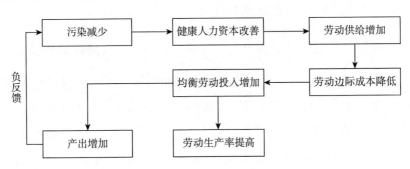

图 3 - 5   在经济发达地区情形下环境污染影响劳动生产率的健康配置效应

在经济欠发达地区情形下，由于经济增长与环境污染之间存在显著的正相关关系，也即 $\alpha > 0$，因此在资源有限的约束下有 $C_{E_i} < (1-s_i)/\alpha$。尽管环境污染物排放的降低可以通过改善健康人力资本来增加劳动供给水平，并最终对产出产生一定的正影响，但是产出的提高会带来环境污染物排放的增加，并抵消环境污染物排放降低带来的劳动供给效应，并对劳动生产率产生正影响。当存在有效的环境管制时，环境污染影响劳动生产率的健康配置效应从 $\alpha C_{E_i L_i} L_{H_i} H_{E_i} C_{L_i} / (1-s_i)^2$ 开始随着环境污染物排放程度的增加而逐渐增加，并在 C_{E_i} 趋近于 $(1-s_i)/\alpha$ 时达到最大。当不存在环境规制时，由于环境污染物的无成本排

放可以降低厂商的生产成本，并且其影响随着环境污染物排放的增加而减弱，因此环境污染影响劳动生产率的健康配置效应从 0 开始随着环境污染物排放的增加而增加，并最终收敛于 $\alpha C_{E_iL_i} L_{H_i} H_{E_i} C_{L_i}/(1-s_i)^2$。最后，从健康配置效应来看，无论是在环境污染物排放规模较大时，还是在环境污染物排放规模较小时，经济欠发达地区都应该采取严格的环境规制措施。然而结合健康成本效应的结论，本节认为经济欠发达地区应该在短期内采取相对较为宽松的环境规制措施，而在长期则应该采取严格的环境规制措施。

第三节　本章小结

在经典的 EKC 框架下，通过将环境污染内生为产出的函数，本章构建了局部均衡模型来分析经济发达地区和经济欠发达地区两种情形下，分别实施环境规制和放松环境规制等条件下环境污染对劳动生产率的影响。

由于环境污染直接影响厂商的生产成本，因此本章首先从厂商成本的角度出发分析环境污染对边际劳动生产率的直接影响，结果发现环境污染对劳动生产率的影响包括替代效应和收入效应两部分。在经济欠发达地区情形下，环境污染影响劳动生产率的替代效应和收入效应都明显为正，并且在有环境规制条件下，替代效应和收入效应对劳动生产率的促进作用明显高于无环境规制下的结果，所以采取有效的环境规制措施是经济欠发达地区的最优选择。在经济发达地区情形下，环境污染影响劳动生产率的替代效应为正，但是收入效应则降低了经济发达地区的劳动生产率；并且在较低环境污染规模下，无环境规制条件下的正向替代效应要高于有环境规制条件下的正向替代效应，无环境规制条件下的负向收入效应要低于有环境规制条件下的负向收入效应，在较高环境污染规模水平下的结果则恰好相反。最后，由于替代效应所需要的资源再优化需要厂商在长期内才能实现，而收入效应的影响则是短期的和直接的，因此经济发达地区最优的环境规制行为会随着环境污染规模的变化和时期的变化而变化。

在 Grossman（1972）、Strauss 和 Thomas（1998）和 Bloom 等（2004）的研究基础上，健康人力资本作为劳动供给的重要影响因素被引入本书的模型中，同时在已有研究的基础上设定健康人力资本会受到环境污染的影响，然后从厂商成本的角度来分析环境污染对边际劳动生产率的影响。在考虑健康人力资本之后，环境污染对劳动生产率的影响则包括替代效应、收入效应、健康成本效应和健康配置效应。其中健康成本效应是指由于污染损害劳动者健康人力资本会导致劳动供给水平下降，而劳动供给水平下降会导致厂商面临的劳动成本压力增加，并降低均衡时劳动投入量和均衡产出，因此对边际劳动生产率产生影响；健康配置效应则是指由于污染损害健康人力资本会导致边际劳动成本增加，从而迫使厂商进行资源重新优化配置而对边际劳动生产率产生影响。对于健康成本效应，无论是经济发达地区还是经济欠发达地区，其对劳动生产率的影响均显著为负；但是在经济发达地区有环境规制条件下的健康成本效应高于无环境规制条件下的情况，并且随着环境污染规模的增加而趋近于 0 和 $C_{L_i L_i} L_{H_i} H_{E_i} / (1 - s_i)$；然而，经济欠发达地区健康成本效应对劳动生产率的影响则会随着环境污染规模的扩大而逐渐加剧，并且无环境规制条件下的结果要好于有环境规制条件下的结果。对于健康配置效应，在经济发达地区情形下，健康配置效应会导致其劳动生产率随着环境污染规模的增加而提高，而且有环境规制条件下的健康配置效应高于无环境规制条件下的结果；在经济欠发达地区情形下，环境污染的健康配置效应会降低其劳动生产率，同时其影响随着环境污染规模的增加而增加，并且无环境规制条件下的负影响要大于有环境规制条件下的负影响。

最后，虽然环境污染并没有直接进入生产函数，但是通过厂商成本、健康人力资本等对劳动生产率产生了明显的影响。采取环境规制措施或者不采取环境规制措施并不能从根本上改变环境污染影响劳动生产率的方向，而主要是从环境污染的规模变化来改变环境污染影响劳动生产率的程度，因此是否采取有效的环境规制措施依赖于其环境污染的规模和经济时期的不同。

第四章　中国的劳动生产率

最早的计算劳动生产率的方法源于美国劳工统计局在 1926 年提出的每人时产出量，即以各产业部门内的劳动实物量（人时或工时）为劳动投入，以产出的增加值（美元）作为产出来计算劳动生产率，这种方法一直被沿用至今。然而正如 Zivin 等（2013）所说，这种劳动生产率指标并不能将劳动的产出与其他投入如资本和技术的产出区分开来，所以并不能得到劳动生产率的准确测度。与传统的劳动生产率不同，也有一部分研究利用生产函数如柯布－道格拉斯生产函数、超越对数生产函数等来描述投入和产出之间的关系，并运用计量经济学方法来求解生产函数，然后利用微分解析变换的方法求解劳动生产率（都阳、曲玥，2009）。然而这种方法的结果对所采用的函数形式和计量分析方法有较强的依赖性，并且由于生产函数将数据连续化处理，因此并不能得到单一生产单元的劳动生产率，而是得到一个平均的结果。因此，本章利用 Shephard 产出距离函数来构建生产分析框架，运用数据包络分析方法来计算劳动生产率，尝试克服传统劳动生产率、生产函数计量法下的劳动生产率等的缺点。

第一节　中国区域劳动市场的特征

（一）劳动供给逐年下降

与经济总量的快速增长相反，中国的劳动供给水平在 20 世纪 90

年代之后出现了一定程度的下降：蔡昉、王美艳（2004）的研究发现，中国的劳动参与率[①]在1995年到2002年期间下降了2%，并且城镇的劳动参与率下降幅度更大，同期下降了9%到10%；王立军、马文秀（2012）通过分析中国的人口老龄化和劳动供给变迁之间的关系，发现中国的经济活动人口规模将长期处于下降水平，并且潜在的真实劳动供给量的增长也将逐步减缓；张车伟、蔡翼飞（2012）通过对中国劳动供给和需求的形式进行分析，认为中国的无限劳动供给时代已经结束，实际失业率处于较高的水平，并且就业的结构性矛盾越来越突出。

图4-1描述了中国1995年到2010年的劳动供给变化趋势，从中可以发现中国的城镇登记失业率变化并不大，从1995年的2.9%增加

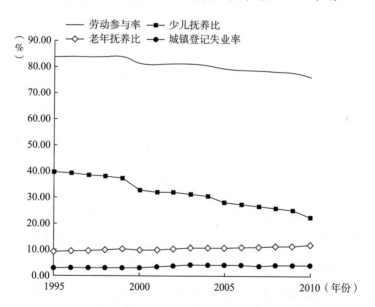

图4-1　1995~2010年中国劳动供给变化趋势

资料来源：《中国人口与就业统计年鉴》。

[①]　劳动参与率指标是衡量劳动供给状况的核心指标，具体采用包括就业人口和失业人口在内的经济活动人口与劳动年龄人口的比值来计算。

到 4.1%。然而由于城镇登记失业率的统计存在较大的误差,因此其并不能反映劳动供给的真实变化。我们利用全国就业人口年底数和15~64 岁年龄段的人口数①的比值来构建劳动参与率,发现中国的劳动参与率从 1995 年到 2010 年有明显下降,降低了 7.47 个百分点,即相对于 1995 年的水平,每 100 个适龄劳动人口中多出 7.62 人在 2010 年退出了劳动力市场,因此虽然城镇登记失业率并没有明显的变化,但是劳动参与率下降却揭示了中国劳动力市场面临着相当严峻的形势。与劳动参与率的变化相一致的是,中国的老年抚养比从 9.2% 增加到 11.90%,这说明中国的人口结构正在趋于老龄化,并且由于少儿抚养比在不断下降,因此中国的人口老龄化趋势在未来相当长的一段时期内都将处于下降趋势,并对劳动供给产生持续性的压力。

(二) 劳动收入占比降低

在微观个体、区域和城乡等层面之外,要素间的收入差距也会对居民收入分配格局产生重要的影响 (Daudey and Garcia – Penalosa, 2007),并且要素间收入差距通过对劳动、资本、技术等资源的再配置而对劳动供给和劳动生产率产生冲击。

图 4 - 2 报告了中国区域劳动收入占比变化情况,从中可以发现中国的劳动收入占比从 1990 年的 0.57 下降到 2011 年的 0.45,平均每年下降 0.55 个百分点。从不同时间段来看,中国的劳动收入占比从1990 年到 1993 年有明显的下降;在 1993 年到 1996 年之间则有微弱的上升,这与中国 20 世纪 90 年代中期改革之后劳动相对于资本在市场上具有更强的讨价还价能力是紧密相关的 (罗长远、张军,2009);在 1996 年到 2002 年期间,劳动收入占比有一定幅度的下降,这主要

---

① 15~64 岁年龄段人口可以被看作劳动年龄人口,其表示了一个国家和地区的劳动力资源存量。当然采用 15~64 岁年龄段的人口作为劳动年龄人口存在高估的情况,因为这种衡量包括了该年龄段人口中丧失劳动能力的人口。

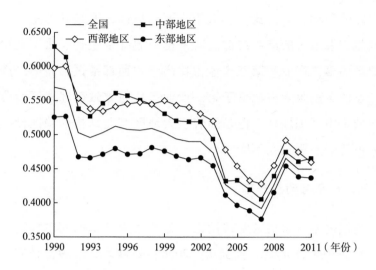

图 4 - 2　中国区域劳动收入占比变化

资料来源:《中国统计年鉴》。

是由于 1998 年金融危机之后中国陷入短暂的通货紧缩,资本要素的稀缺性逐渐凸显;在 2003 年到 2008 年期间劳动收入占比出现陡然下降是由中国国内生产总值核算方案调整造成的[①](池振合、杨宜勇,2013),而经过池振合、杨宜勇(2013)调整后,2004 年到 2008 年的数据能够与 2003 年和 2009 年的数据相契合,并且显示从 2003 年到 2011 年中国的劳动收入占比明显下降,这是因为 2002 年之后中国进行了新一轮的重工业化(朱劲松、刘传江,2006),而重工业发展对资本的依赖性较强,因此不利于劳动收入占比的提高。从分地区的情况来看[②],

---

① 在 2004 年之前中国采用的国内生产总值核算方案是中国国家统计局协同有关部门在 1992 年发布的《中国国民经济核算体系(试行方案)》,而 2004 年之后的国内生产总值核算方案在资料来源、生产范围、基本分类、测算方法和具体问题处理等方面进行了大量的修订。白重恩、钱震杰(2009)的研究认为在新的核算方案下,2004 年的劳动收入占比与实际值的差距为 6.29%。

② 本书中东中西部地区的划分是依据《中共中央关于制定国民经济和社会发展第七个五年计划的建议》(1987)中提出的三大经济带的划分方法,其中东部地区包括辽宁、河北、天津、北京、山东、江苏、上海、浙江、福建、广东、广西和海南等十二个省、市和自治区,中部地区包括黑龙江、吉林、内蒙古、山西、安徽、江西、河南、湖北、湖南等九个省区,西部地区包括山西、甘肃、宁夏、青海、新疆、四川、重庆、贵州和西藏等九个省、市。

东部地区的劳动收入占比一直低于中西部地区，但是其差距在不断缩小，这与三大地区的产业结构是紧密相关的（罗长远、张军，2009）。东部地区的第二产业和第三产业占比高于中西部地区，而第二产业和第三产业的劳动收入占比低于第一产业，从而导致东部地区的劳动收入占比低于中西部地区，但是随着三大地区产业结构的趋同性，其劳动收入占比的差距也在不断缩小。

（三） 简单劳动生产率

劳均国内生产总值常常被用来作为劳动生产率的简单描述，并被用于大量的经验研究中（范剑勇，2006；刘修岩，2009；张海峰、姚先国等，2010），因此本节利用劳均国内生产总值来简单描述中国分产业和分地区劳动生产率的变化。

图 4-3 从产业层面报告了中国三次产业的劳动生产率的变化：所有产业的劳动生产率从 1990 年到 2010 年均有明显的提高，其中第一

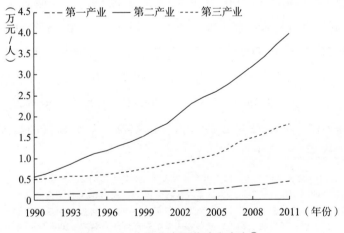

图 4-3　中国分产业劳动生产率[①]

资料来源：《中国统计年鉴》和《中国人口与就业统计年鉴》。

[①]　数据以 1990 年为基期进行价格平减，如下文没有特殊说明，GDP 数据均按照起始年份的价格进行平减。

产业增长 235%，第二产业增长 613%，第三产业增长 267%；三次产业之间存在较大的差距，而且它们之间的差距正在逐渐增大，其中第二产业与第一产业之间的差距①从 1990 年的 4.28 倍增长到 2010 年的 9.11 倍，第二产业与第三产业之间的差距从 1990 年的 1.13 倍增长到 2011 年的 2.20 倍，从而说明三次产业的劳动生产率在样本期内并没有趋同的迹象。

　　图 4-4 描述了中国分地区的劳动生产率的变化情况，从中可以看出：全国层面和东中西部地区的劳动生产率从 1990 年到 2010 年都有较大幅度的提高。其中全国层面从每人 0.2883 万元增加到每人 1.7928 万元，东部地区从每人 0.4030 万元增加到每人 3.2308 万元，中部地区从每人 0.2584 万元增加到每人 1.7199 万元，西部地区从每人 0.2118 万元增加到每人 1.2945 万元。从区域间差距来看，东中西部地区的劳动生产率存在较大的差距，其中东中部地区的劳动

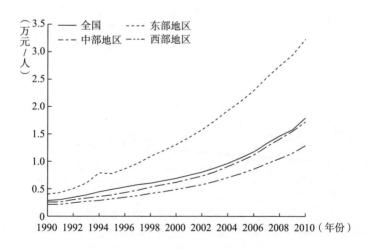

图 4-4　中国分地区劳动生产率

资料来源：《中国统计年鉴》和《中国人口与就业统计年鉴》。

---

①　第二产业与第一产业之间的差距用第二产业劳动生产率与第一产业劳动生产率之比来表示；第二产业与第三产业之间的差距用第二产业劳动生产率与第三产业劳动生产率之比来表示。

生产率差距在 1990 年为 1. 5593 倍，东西部地区的劳动生产率差距[①]在 1990 年为 1. 9030 倍，并且从 1990 年到 2003 年东中部地区和东西部地区之间差距分别逐渐扩大到 2. 1390 倍和 2. 7301 倍，但是在 2003 年之后则有微弱的降低，到 2010 年分别降为 1. 8785 倍和 2. 4958 倍。

　　不仅仅是地区间和产业间，不同省份之间的劳动生产率也存在较大的差距。图 4 - 5 利用样本标准差来度量了全国层面和东中西部地区的省际劳动生产率的差距，从中可以看出全国层面和东中西部地区层面的劳动生产率都存在显著的差距，并且东部地区的区域内差距大于中部地区和西部地区[②]。从 1990 年到 2010 年，不仅全国层面，东中西部地区的区域内差距都在不断增大，从而说明全国层面和分地区的劳动生产率均不存在 α 收敛现象，这也说明中国的劳动力缺乏有效的地区间流动，劳动力资源的配置尚待优化。

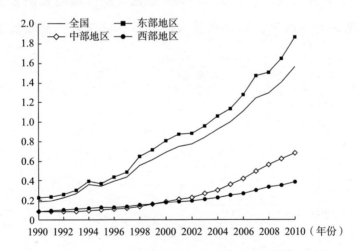

图 4 - 5　中国分地区劳动生产率的省际差距

资料来源：《中国统计年鉴》和《中国人口与就业统计年鉴》。

---

①　东中部地区劳动生产率差距用东部地区劳动生产率与中部地区劳动生产率的比值来表示；东西部地区劳动生产率差距用东部地区劳动生产率与西部地区劳动生产率的比值来表示。

②　东部地区的区域内差距较大的原因是因为本书采用的是《中共中央关于制定国民经济和社会发展第七个五年计划的建议》（1987）中提出的三大经济带的划分方法，本分类更多考虑经济带的地理位置，因此东部地区内经济发展水平存在较大差异。

第二节　边际劳动生产率的测度框架

劳均国内生产总值尽管可以在一定程度上简单反映地区的劳动生产率，但是其不能将生产过程中的其他要素如资本、技术、土地等对产出的贡献区分开来，因此本节利用产出距离函数来构建劳动生产率分析框架，利用数据包络分析方法来测算中国的省际生产单元的边际劳动生产率。

（一）模型设定

假设有 N 个生产决策单元（Decision Making Unit），每个生产决策单元利用资本（K）和劳动（L）来生产地区国内生产总值（Y），那么生产可能性集合（Production Possibility Set）可以被表述如下：

$$T_1 = \{Y:K,L\} \qquad\qquad (4-1)$$

对于生产可能性集合 T_1，其必须满足以下三个假设。

1. 根据 Kumbhakar（1996）的研究，生产可能性集合假设不同的生产决策单元利用同样的生产技术进行生产，但是生产效率存在差异。由于生产单元是在不同的生产非效率（Inefficiency）水平上寻找产出的最大化，因此即便是在同样的技术条件下，不同生产决策单元的最大化产出水平也将是不同的（Klotz et al.，1980；Fried et al.，1993）[1]。

2. 产出[2]是强可处理的（Strongly Disposable）。产出的强可处理性意味着生产决策单元可以实现生产前沿面下的所有生产集合。具体表

---

① Klotz 等（1980）和 Fried 等（1993）认为非效率水平是决定企业业绩的重要因素。

② 严格来讲，此处的产出为期望产出（Desirable Output）。

述如下：如果有 $(Y,K,L) \in T_1$，那么 $(Y,(1+\theta_1)K,(1+\theta_2)L)$ 和 $((1-\theta_3)Y,K,L)$ 也将属于生产可能性集合 T_1，其中 $\theta_1 > 0, \theta_2 > 0, \theta_3 > 0$。

3. 所有的生产决策单元面临的产品市场和要素市场都是完全竞争市场（Fare et al.，1993）。完全竞争市场意味着所有的产出都将以同一价格水平卖出，所有的要素也以同一价格购买，并且可以计算没有交易市场的要素的绝对价格。

在生产可能性集合 T_1 的基础上，利用产出距离函数（Output Distance Function），我们可以把生产技术定义为：

$$D(K,L,Y) = \sup\{S_K,S_L,S_Y:K-S_K,L-S_L,Y+S_Y\} \qquad (4-2)$$

其中 $D(K,L,Y)$ 表示生产决策单元可以沿着增加产出、降低投入的路径来寻找生产效率最大化，当 $D(K,L,Y)=0$ 时表明生产决策单元处于生产前沿面，不存在帕累托改进的空间。

利用 Tone（2001）提出的 SBM（Slack – Based Measurement）模型，式（4–2）可以通过求解如下的线性规划获得：

$$\min \rho_j = \frac{1 - 1/2(S_{K_j}/K_j + S_{L_j}/L_j)}{1 + S_{Y_j}/Y_j}$$

$$\text{s. t.} \quad K_j = \sum_{i=1}^{N} \lambda_i K_i + S_{K_j}; \quad L_j = \sum_{i=1}^{N} \lambda_i L_i + S_{L_j};$$

$$Y_j = \sum_{i=1}^{N} \lambda_i Y_i - S_{Y_j}; \quad \sum_{i=1}^{N} \lambda_i \leq 1;$$

$$S_{K_j}, S_{L_j}, S_{Y_j}, \lambda_i > 0. \qquad (4-3)$$

其中 S_{K_j}、S_{L_j}、S_{Y_j} 分别为物质资本投入、劳动投入和产出的松弛；$\sum_{i=1}^{N} \lambda_i \leq 1$ 表示规模报酬为非递增的，这与涂正革、肖耿（2005），张军（2009）和陈诗一（2010）等的研究是一致的。

（二）模型求解

为了便于模型求解，我们有必要对以下三个概念进行界定。

1. 有效法则（Efficiency Rule）

有效法则是指一个生产单元$(Y_i : K_i, L_i) \in P(K, L)$可以通过非效率调整$\sigma_K$、$\sigma_L$和$\sigma_Y$来达到生产前沿（Frontier of P（K，L）），即$K_i^* = \sigma_L K_i, L_i^* = \sigma_L L_i$和$Y_i^* = \sigma_Y Y_i$。其中$\sigma_K$、$\sigma_L$和$\sigma_Y$分别是资本、劳动和产出的非效率因子。结合式（4-3），σ_K、σ_L和σ_Y分别是：

$$\sigma_K = (K - S_K)/K$$
$$\sigma_L = (L - S_L)/L \qquad (4-4)$$
$$\sigma_Y = (Y + S_Y)/Y$$

2. 有效路径（Efficiency Path）

有效路径是指所有的生产决策单元都可以在有效法则的约束下达到共同的生产前沿。也即：

$$EP(Y^*, K^*, L^*) = \{(Y, K, L) \in P(K, L):$$
$$K_i^* = \sigma_L K_i;$$
$$L_i^* = \sigma_L L_i;$$
$$Y_i^* = \sigma_Y Y_i\} \qquad (4-5)$$

3. 等效率路径（Iso-Efficiency Path）

基于有效法则，等效率路径上的点可以被表述为：

$$IEP(Y_i, K_i, L_i) = \{(Y, K, L) \in T_1 : D(\sigma_K K_i, \sigma_L L_i, \sigma_Y Y_i) = 1\} \qquad (4-6)$$

在式（4-6）中，非效率因子σ_K、σ_L和σ_Y由有效法则和生产单元的位置决定，并且所有在等效率路径上的生产点都拥有相同的非效率水平。

图4-6描述了生产决策单元从P生产点沿着有效路径（EP）达到生产前沿点（P^*）的过程，并且在等效率路径（IEP）上，我们可以得到生产单元的劳动生产率为：

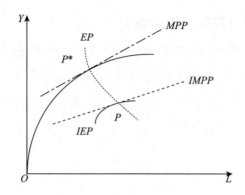

图 4 – 6　考虑非效率影响的劳动生产率

$$IMPP = \frac{\partial Y}{\partial L} = -\frac{\partial D(\sigma_K K_i, \sigma_L L_i, \sigma_Y Y_i)/\partial \sigma_L L_i}{\partial D(\sigma_K K_i, \sigma_L L_i, \sigma_Y Y_i)/\partial \sigma_Y Y_i} \times \frac{\sigma_L}{\sigma_Y}$$

$$= -\frac{\partial D(\sigma_K K_i, \sigma_L L_i, \sigma_Y Y_i)/\partial \sigma_L L_i}{\partial D(\sigma_K K_i, \sigma_L L_i, \sigma_Y Y_i)/\partial \sigma_Y Y_i} - \frac{\partial D(\sigma_K K_i, \sigma_L L_i, \sigma_Y Y_i)/\partial \sigma_L L_i}{\partial D(\sigma_K K_i, \sigma_L L_i, \sigma_Y Y_i)/\partial \sigma_Y Y_i} \times \left(\frac{\sigma_L}{\sigma_Y} - 1\right)$$

$$= MPP + MPP\left(\frac{\sigma_L}{\sigma_Y} - 1\right) \qquad\qquad (4-7)$$

其中 *IMPP* 为在存在生产非效率路径下生产决策单元的劳动生产率，而 *MPP* 则为有效路径下的劳动生产率。*IMPP* 由 *MPP* 和 *MPP* $(\sigma_L/\sigma_Y - 1)$ 两部分构成，其中 $MPP(\sigma_L/\sigma_Y - 1)$ 为由于生产非效率而导致的生产决策单元的劳动生产率的损失。

为了获得劳动生产率，我们必须获得生产决策单元在完全竞争市场上的生产决策行为。因此在设定 1 的基础上，并且在考虑生产非效率率的影响条件下（Lee et al., 2002），生产决策单元的利润最大化目标下的决策行为如下：

$$\max_{K_i, L_i, Y_i} P_Y Y_j^* - P_K K_j^* - P_L L_j^*$$

$$st. \, D(\sigma_K K_i, \sigma_L L_i, \sigma_Y Y_i) = 1 \qquad\qquad (4-8)$$

其中 P_Y、P_K 和 P_L 分别是产出、资本和劳动的价格，σ_K、σ_L 和 σ_Y 是常数，并且每一个生产决策单元都是在等效率路径（IEP）上来寻找利润的最大化。

利用拉格朗日乘子法，式（4-8）的最优化问题可以转化为：

$$\max_{K_i,L_i,Y_i,\lambda} F = P_Y Y_i - P_K K_i - P_L L_i + \lambda(D(\sigma_K K_i, \sigma_L L_i, \sigma_Y Y_i) - 1) \quad (4-9)$$

式（4-9）的一阶条件是：

$$\frac{\partial F}{\partial Y} = P_Y + \lambda \frac{\partial D(\sigma_K K, \sigma_L L, \sigma_Y Y)}{\partial \sigma_Y Y} \sigma_Y = 0 \quad (4-10)$$

$$\frac{\partial F}{\partial K} = P_K + \lambda \frac{\partial D(\sigma_K K, \sigma_L L, \sigma_Y Y)}{\partial \sigma_K K} \sigma_K = 0 \quad (4-11)$$

$$\frac{\partial F}{\partial L} = P_L + \lambda \frac{\partial D(\sigma_K K, \sigma_L L, \sigma_Y Y)}{\partial \sigma_L L} \sigma_L = 0 \quad (4-12)$$

$$\frac{\partial F}{\partial \lambda} = D(\sigma_K K, \sigma_L L, \sigma_Y Y) - 1 = 0 \quad (4-13)$$

利用公式（4-10）到（4-12），我们可以得到产出、资本和劳动的价格关系为：

$$\frac{P_K}{P_Y} = \frac{\partial D(\sigma_K K, \sigma_L L, \sigma_Y Y)/\partial \sigma_K K}{\partial D(\sigma_K K, \sigma_L L, \sigma_Y Y)/\partial \sigma_Y Y} \times \frac{\sigma_K}{\sigma_Y} \quad (4-14)$$

$$\frac{P_L}{P_Y} = \frac{\partial D(\sigma_K K, \sigma_L L, \sigma_Y Y)/\partial \sigma_L L}{\partial D(\sigma_K K, \sigma_L L, \sigma_Y Y)/\partial \sigma_Y Y} \times \frac{\sigma_L}{\sigma_Y} \quad (4-15)$$

借鉴 Fare 等（1993）的观点，令产出的价格等于其市场价格，即 $P_Y = 1$，式（4-11）和（4-12）可以被重写如下：

$$P_K = \frac{\partial D(\sigma_K K, \sigma_L L, \sigma_Y Y)/\partial \sigma_K K}{\partial D(\sigma_K K, \sigma_L L, \sigma_Y Y)/\partial \sigma_Y Y} \times \frac{\sigma_K}{\sigma_Y} \quad (4-16)$$

$$P_L = \frac{\partial D(\sigma_K K, \sigma_L L, \sigma_Y Y)/\partial \sigma_L L}{\partial D(\sigma_K K, \sigma_L L, \sigma_Y Y)/\partial \sigma_Y Y} \times \frac{\sigma_L}{\sigma_Y} \quad (4-17)$$

结合式（4-5），我们可以发现在完全竞争市场条件下，生产单元决策会选择在要素价格[①]等于要素边际劳动生产率的情况下进行生产。

[①]　由于现实条件下的市场常常是非完全竞争市场，因此这里的要素价格也即要素的影子价格（Shadow Price）。

为了求解式（4-5）和式（4-14），我们基于式（4-2）建立如下的线性规划模型：

$$\min \rho_j = \frac{1 - 1/2(S_{k_i}^*/K_i^* + S_{l_i}^*/L_i^*)}{1 + S_{y_i}^*/Y_j^*}$$

$$\text{s. t.} \quad K_i^* = \sum_{i=1}^{N} \lambda_i K_i^* + S_{k_i}^*; \quad L_j^* = \sum_{i=1}^{N} \lambda_i L_i^* + S_{l_i}^*;$$

$$Y_j^* = \sum_{i=1}^{N} \lambda_i Y_i^* - S_{y_i}^*; \quad \sum_{i=1}^{N} \lambda_i \leq 1;$$

$$S_{k_i}^*, S_{l_i}^*, S_{y_i}^*, \lambda_i > 0. \qquad (4-18)$$

第三节 方法与数据

（一）研究方法

数据包络分析方法（DEA）是由 Charnes 等（1978）提出的用来评价多投入多产出决策单元效率的一种方法。然而一般的 DEA 方法有一定的缺陷：①决策单元数至少是模型变量数的两倍；②决策单元是同质的；③不能直接用于面板数据的分析，而且依据截面 DEA 评价获得的效率值不能进行跨期比较。为了解决一般 DEA 的缺点，Charnes 等（1985）提出了 DEA 窗口分析法（DEA Windows Analysis），其利用移动平均方法来考察决策单元的效率随时间的变动，这样一方面决策单元数的重复利用可以起到增加样本量的作用，另一方面将同一决策单元的不同时期作为不同决策单元，从而能够获得更加真实的效率评价。

DEA 窗口分析的具体方法如下。

假设有 N 个 DMU 的 T 个时期的截面数据，那么首先将数据分成若干个子面板数据，每个子面板数据包括 M 个时期，这样每一个子面板就构成了一个窗口（Windows），如式（4-19）所示，总共有 $T-M+1$ 个窗口，然后利用子面板数据来构造前沿面并计算对应的距离函数。

$$W_1 = (1, 2, \cdots M)$$

$$W_2 = (2, 3, \cdots M + 1) \tag{4-19}$$

$$\cdots$$

$$W_{T-M+1} = (T - M + 1, T - M + 2, \cdots T)$$

在 DEA 窗口分析过程中，窗口宽度和生产前沿变动是两个值得关注的问题。对于窗口宽度，Asmild（2004）认为为了保持不同 DMU 的同质性，窗口宽度应该尽可能得小，但是并没有充分的理论支持来定义窗口宽度（Tulkens and Ecckaut, 1995），所以大多数研究都采用 Charnes 等（1985）的方法，将窗口宽度定为三年（Sufian, 2007）。对于前沿剧烈变动，其主要来自外部冲击对某一时点的影响，从而导致不同窗口同一时期下效率评价值的显著差异，所以大多文献通过剔除特异点来获得更为有效的评价值。

（二）数据描述

为了测算中国 1990 年到 2011 年 30 个省的劳动生产率，本节需要相应的劳动投入、物质资本投入和地区国内生产总值数据，所有的数据均主要来自《中国统计年鉴》《中国固定资产统计年鉴》和《中国人口与就业统计年鉴》。对于计算省际生产单元的物质资本存量所缺失的数据，我们按照单豪杰等（2008）的研究结果进行计算；对于从业劳动数据，现有的统计资料中有《中国人口与就业统计年鉴》《中国统计年鉴》和《新中国六十年统计资料汇编》等多个数据来源。但是《中国人口与就业统计年鉴》和《中国统计年鉴》的从业劳动数据存在统计口径变更的问题，并且缺乏 2011 年的数据，而《新中国六十年统计资料汇编》则缺乏 2009 年到 2011 年的数据，因此为了保持数据统计口径的一致性，本书采取《新中国六十年统计资料汇编》中的从业劳动数据，并且按照从业劳动与经济活动人口的比例来计算劳动参与率，然后利用 2008 年的劳动参与率与 2009 年到 2011 年的经济活动人口计算缺失年份的从业劳动数据。

劳动投入数据用各地区所有产业从业劳动数来进行表述。然而由于来自《中国人口与就业统计年鉴》的数据为各地区从业劳动年底数，因此为了降低同一年内从业劳动数的波动对劳动投入的影响，本书用当年从业劳动年底数与上一年从业劳动年底数[①]的平均数的平均值来作为劳动投入数据。

物质资本存量利用永续盘存法（Perpetual Inventory System），在单豪杰等（2008）研究的基础上，以固定资本形成总额为计算依据，以投资隐含平减指数来构建固定资本形成总额指数，并将折旧率确定为10.96%[②]来计算中国省际的物质资本存量。

产出用各地区国内生产总值来计算，并且按照1990年的价格进行平减。

表4-1报告了全国样本和分地区样本的所有变量的描述性统计结果。

表4-1 变量描述性统计

	变量	平均值	最大值	最小值	标准离差率	样本数
全国样本	国内生产总值	2461.31	22118.75	61.1	1.22	660
	物质资本存量	4893.29	46916.31	124.66	1.32	660
	劳动投入	2271.5	6547.75	211.17	0.67	660
东部样本	国内生产总值	3752.79	22118.75	95.01	1.07	264
	物质资本存量	7389.3	46916.31	218.57	1.16	264
	劳动投入	2462.45	6547.75	304.62	0.68	264
中部样本	国内生产总值	2122.95	9389.00	286.62	0.80	198
	物质资本存量	4160.3	28478.15	430.22	1.06	198
	劳动投入	2591.52	6048.3	924.6	0.52	198

---

① 上一年从业劳动年底数也可以称为当年从业劳动年初数。

② 单豪杰（2008）的研究认为中国固定资产折旧指数为10.96%，相对于张军等（2004）的方法略微偏高。

	变量	平均值	最大值	最小值	标准离差率	样本数
西部样本	国内生产总值	1077.69	8223.82	61.1	1.13	198
	物质资本存量	2298.26	13120.2	124.66	1.05	198
	劳动投入	1696.9	4868.4	211.17	0.75	198

第四节 中国区域劳动生产率的测算结果

（一）窗口分析

表 4 - 2 描述了北京市 1990 年到 2011 年的劳动生产率在不同窗口下的结果：其中每一行的数据表示在同一窗口下不同时期的劳动生产率，它表示了劳动生产率的动态变化；而每一列的数据则表示了同一时期在不同窗口下的劳动生产率。从表中的数据可以看出同一时期在不同窗口下的数据并没有较大程度的变动，因此说明前沿面没有发生剧烈的波动。最后每一时期的劳动生产率则利用不同窗口下的数据的平均值来表示，从中可以发现北京市的劳动生产率从 1990 年到 2003 年有明显的增加，在 2003 年到 2006 年则出现一定程度的下降，2006 年之后则又恢复增长。

表 4 - 2 北京市 1990 ~ 2011 年劳动生产率的窗口分析

时间（年）	1990	1991	1992	1993	1994	1995	1996	1997	1998	1999	2000
1990 - 1992	0.333	0.336	0.474								
1991 - 1993		0.367	0.376	0.551							
1992 - 1994			0.390	0.407	0.591						
1993 - 1995				0.527	0.502	0.662					
1994 - 1996					0.550	0.589	0.724				
1995 - 1997						0.577	0.574	0.590			

续表

时间（年）	1990	1991	1992	1993	1994	1995	1996	1997	1998	1999	2000
1996－1998							0.589	0.576	0.576		
1997－1999								0.580	0.579	0.569	
1998－2000									1.044	1.097	0.605
1999－2001										1.157	1.233
2000－2002											1.275
平均值	0.333	0.351	0.413	0.495	0.548	0.609	0.629	0.582	0.733	0.941	1.038

时间（年）	2001	2002	2003	2004	2005	2006	2007	2008	2009	2010	2011
1999－2001	0.625										
2000－2002	1.335	0.649									
2001－2003	1.379	1.368	1.271								
2002－2004		1.424	1.458	0.623							
2003－2005			1.538	0.653	0.649						
2004－2006				1.468	0.657	0.715					
2005－2007					1.573	0.727	0.831				
2006－2008						0.762	0.872	0.917			
2007－2009							0.922	0.925	0.989		
2008－2010								1.034	1.104	1.158	
2009－2011									1.104	1.158	1.019
平均值	1.113	1.147	1.422	0.915	0.960	0.735	0.875	0.959	1.066	1.158	1.019

（二）劳动生产率

利用各省市的劳动投入量作为权重，我们通过计算中国全国层面、东部地区、中部地区和西部地区的省际劳动生产率的平均值来反映全国层面和分地区的劳动生产率的变化情况（见图 4 - 7）。首先，无论是全国层面还是分地区层面的劳动生产率均有明显的增加：其中全国层面从 1990 年的 0.0725 万元/人增加到 2011 年的 0.8806 万元/人，增长了 11.1462 倍，而同期人均国内生产总值①则增长了 6.807

---

① 更为精确的应该采用劳均国内生产总值来表征简单劳动生产率，但由于劳动数和人口数是紧密相关的，所以这里用人均国内生产总值来进行度量。

倍，二者之间的差距意味着采用人均国内生产总值作为劳动生产率的核算指标会低估中国的实际劳动生产率；东部地区从 0.0939 万元/人增加到 1.2496 万元/人，增长了 12.3078 倍；中部地区从 0.0617 万元/人增加到 0.6586 万元/人，增长了 9.67 倍；西部地区从 0.0495 万元/人增加到 0.4493 万元/人，增长了 8.0767 倍。从不同时间段的变化来看，全国层面和各个地区的劳动生产率在 1990 年到 2002 年之间的增长幅度较低，相对于 1990 年的水平分别增加了 282.43%（全国层面）、355.67%（东部地区）、173.92%（中部地区）和 221.22%（西部地区），而 2003 年之后其增长速度则大幅度提高。从不同地区的水平来看，东部地区的劳动生产率水平最高，并且其增长幅度最大，西部地区最低，并且其增长幅度最低，因此东中西部地区的劳动生产率之间的差距也在不断扩大：其中东中部地区之间的差距从 1990 年的 1.5229:1 扩大到 2003 年的 3.0523:1，而后则逐渐下降，到 2011 年为 1.8972:1；东西部地区之间的差距则从 1990 年的 1.8970:1 扩大到 2009 年的 3.1685:1，而后则有所回落。

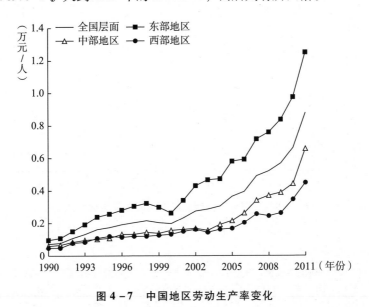

图 4-7　中国地区劳动生产率变化

由于地区间的分析并不能揭示中国劳动生产率的具体变化特征，因此利用 Pearson 相关系数作为面板数据的相似指标，运用 Wards 方法进行面板系统聚类分析得到中国 1990 年到 2011 年 30 个省市劳动生产率的聚类树形图，从图 4－8 中可以发现：从 1990 年到 2011 年间，北京、江苏、浙江、广东、天津和内蒙古的劳动生产率位居全国前列，辽宁、山东、福建、吉林、新疆和上海的劳动生产率属于第二层次，而其余省份则属于第三层次；从分地区的水平来看，东部省市的劳动生产率大多位于第一层次和第二层次（河北、广西和海南除外），而中西部省市除了新疆、吉林和内蒙古之外都属于第三层次，这与图 4－7 关于东部省市的劳动生产率显著高于中西部地区的结果是一致的。

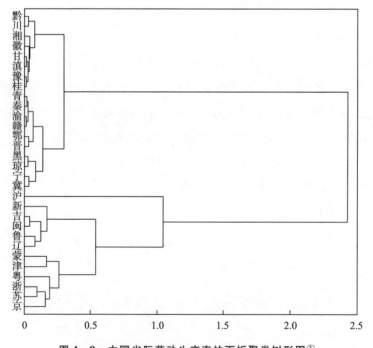

图 4－8　中国省际劳动生产率的面板聚类树形图①

───────────────

①　由于图片展示内容受限，所有省份用其简称来表示，具体对应关系为：北京（京）、天津（津）、河北（冀）、山西（晋）、内蒙古自治区（蒙）、辽宁（辽）、吉林（吉）、黑龙江（黑）、上海（沪）、江苏（苏）、浙江（浙）、安徽（皖）、福建（闽）、江西（赣）、山东（鲁）、河南（豫）、湖北（鄂）、湖南（湘）、广东（粤）、广西壮族自治区（桂）、海南（琼）、重庆（渝）、四川（川）、贵州（黔）、云南（滇）、陕西（秦）、甘肃（甘）、青海（青）、宁夏回族自治区（宁）、新疆维吾尔自治区（新）等。本说明适用于全书。

（三）劳动生产率损失

由于不同的生产决策单元是在不同的效率水平下实现利润最大化的，并基于此来选择合理的要素配置路径，由此可以导致实际的劳动生产率低于最佳的劳动生产率，因此本书利用图 4-9 来描述中国不同地区的劳动生产率损失状况[①]。从 1990 年到 2011 年的平均值来看，全国层面、东部地区、中部地区和西部地区的劳动生产率效率损失分别为 0.4700、0.3360、0.5200 和 0.6522，这意味着在其他条件不变的情况下，全国层面和各地区的劳动生产率水平分别可以提高 47%、33.6%、52% 和 65.22%。从时间变化来看，从 1990 年到 1996 年，全国层面和东中部地区的劳动生产率损失水平均有明显的下降，而西部地区的损失水平则有所上升。从 1997 年到 2008 年，各个地区的劳动生产率的效率损失均出现了不降反增的现象，结合此阶段的经济发展形式，重工业总产值占工业总产值的比重从 1997 年的 51% 增长到 2008 年的 71.3%，工业企业资本有机构成从 1997 年的 13.1335 万元/人增加到 2008 年的 41.0251 万元/人[②]，新一轮的重工业化热潮成为了推动中国经济快速增长的动力（厉以宁，2004；简新华，2005；朱劲松、刘传江，2006），同时也降低了劳动在要素配置中的地位，因此在劳动供给水平相对不变的条件下，劳动生产率效率损失出现不降反增的情形。在 2008 年之后，全国层面和各地区的劳动生产率效率损失都有较大幅度的改善。从分地区的效率损失水平来看，东部地区的劳动生产率损失明显低于中部地区，而西部地区的效率损失水平最高，并且在样本期内东部地区的效率损失下降幅度最大，因此逐渐拉开了与东中部地区之间的差距。

---

① 全国层面和东中西部地区的边际劳动生产率损失利用各省份的从业劳动数为权重来计算。

② 数据来自《中国工业经济统计年鉴》，并且资本有机构成用规模以上工业企业的资产总额（1997 年为基期）除以企业员工总数来进行标示。

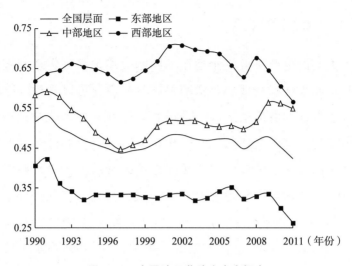

图 4 - 9　中国地区劳动生产率损失

　　为了描述劳动生产率效率损失的省际变化特征，本节利用面板聚
类方法得到了中国 30 个省市 1990～2011 年的劳动生产率效率损失的
聚类树形图，从图 4 - 10 中可以发现：北京、浙江、天津、江苏和辽

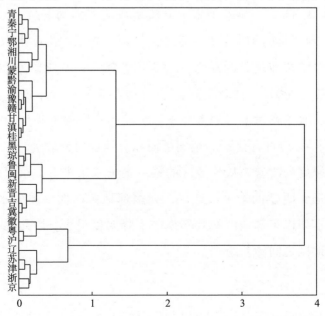

图 4 - 10　中国省际劳动生产率效率损失的面板聚类树形图

宁的效率损失水平最低，属于第一层次；上海、广东和安徽则属于第二层次，其中值得注意的是安徽省的效率损失水平也属于较低的水平，这与安徽省的资本有机构成较低是相符合的；其余省份则属于第三层次。从分地区的结果来看，第一、第二层次除了安徽省之外都属于东部地区，但是东部地区中的山东、海南等省份的效率损失则属于第三层次。

通过将劳动生产率和效率损失的聚类分析结构进行汇总分析（见图4-11），我们发现：劳动生产率与效率损失之间存在显著的负相关关系，其中北京、浙江、天津、江苏和辽宁等东部省市属于高生产率和低效率损失类别；山西、新疆、山东、广西等省市则属于中生产率和中效率损失类别；贵州、四川和湖南等省市属于低生产率和低效率损失类别；在这三类之外，内蒙古属于高生产率和高效率损失类别，而安徽则属于低生产率和低效率损失类别。

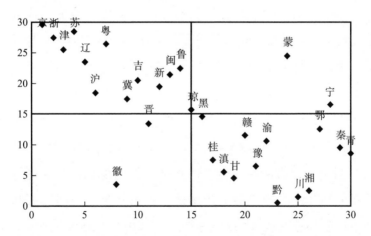

图4-11　中国1990~2011年省际劳动生产率和效率损失聚类分析

第五节　本章小结

由于传统的劳均国内生产总值指标在度量地区劳动生产率时存在

不能将劳动、资本和技术等要素对产出的贡献区分开来的缺陷，并且基于经典的生产函数如 K – D 生产函数、超越对数生产函数等计算出来的劳动生产率指标存在对生产函数形式、计量方法、样本数据等的依赖性，因此本书提出了一种新的劳动生产率分析框架来克服以上缺点，并利用中国 1990 年到 2011 年的数据进行实证分析。

（1）在产出距离函数（Output Distance Function）的基础上，本书构建了包括资本、劳动等要素在内的生产分析框架；在完全竞争市场假设下求解劳动生产率，并且这种劳动生产率是边际概念下的生产率，因此更能从要素配置角度来反映劳动的实际生产能力；借鉴 Lee 等（2002）的观点将非效率因子考虑到劳动生产率的计算过程中去；最后，为了避免生产函数形式和计量估计方法对求解劳动生产率的影响，运用 Tone（2001）提出的 SBM 模型来构建非参数线性规划模型来求解劳动生产率。

（2）利用中国 1990 年到 2011 年的省际面板数据，本章计算了中国的省际劳动生产率，并用各省市的劳动投入量作为权重来计算全国层面、东部地区、中部地区和西部地区的劳动生产率。研究发现：中国的劳动生产率处于较低的水平，其中东部地区显著高于中西部地区；从 1990 年到 2011 年，全国层面和东中西部地区的劳动生产率都有明显的提高；最后，东中西部地区的劳动生产率之间的差距从 1990 年开始逐渐拉大，但是在 2003 年（2009 年）[①] 之后又出现一定程度的下降。

（3）对于中国省际劳动生产率水平较低的现状，本章进一步分析了全国层面和分地区的劳动生产率效率损失现象。全国层面和分地区的劳动生产率都存在较大的效率损失，以 2011 年的水平来看，全国层面和东中西部地区的劳动生产率效率损失分别为 42.39%、26.26%、54.93% 和 56.73%。由于中国在 1997 年之后重工业的快速发展和工业企业资本有机构成的提高，中国各个地区的劳动生产率损失在此阶段出现了不降反增的状况，但是在 2008 年之后效率损失水平有所改善。

---

① 东中部地区之间的差距从 2003 年开始下降，东西部地区之间的差距从 2009 年开始下降。

第五章 中国的环境污染

由于环境污染是一个复杂的系统，并且已有文献对环境污染的综合度量也缺乏一个有效的共识，更多的研究则采用单一的环境污染指标如二氧化碳排放量、二氧化硫排放量、工业废水排放量等。根据《世界卫生组织空气质量准则》（2006），二氧化硫、氮氧化物、臭氧、可吸入颗粒物（PM2.5 和 PM10）等被认为是影响居民健康的重要污染物。在全球气候变暖的大背景下，二氧化碳作为主要的温室气体也受到了诸多研究的关注，因此结合数据的可得性，本书利用二氧化硫排放量、氮氧化物排放量、二氧化碳排放量等三个指标来描述中国的环境污染现状，并介绍中国的环境规制现状。

第一节 二氧化硫污染

（一）二氧化硫与居民健康

二氧化硫是主要的大气污染物之一，它是一种无色但有刺激性气味的硫氧化物。二氧化硫对人体机能的影响主要体现在：进入人体后被阻滞在上呼吸道，其易溶于水的特征促使其在呼吸道粘膜发生化学反应并生成具有腐蚀性的亚硫酸、硫酸盐等，然后刺激呼吸道平滑肌的神经末梢，迫使气管和支气管的收缩；进入人体后被血液吸收，破坏人体酶的活性，影响人体内碳水化合物和蛋白质的代谢活动，并且对人体肝脏产生损害。二氧化硫对人体健康损害的具体表现为：当大气中二氧化硫浓度超过 1ppm 时，人体即会受到刺激，并且出现呼吸道阻力增加等不良现象；当二氧化硫浓度达到 3ppm 时，会对居民的结膜和上呼吸道粘膜产生较强的刺激；大量吸入二氧化硫会引起咽喉水肿、支气管炎、肺炎、肺水肿等疾病；同时二氧化硫还可以从肺泡侵入人体血液中，并与维生素 C 结合，从而破坏人体的维生素 C 平衡，抑制和破坏机体内某些酶的活性，造成人体内的糖和蛋白质的代谢发生异常；长期接触到低浓度的二氧化硫会严重损害鼻、咽、喉和支气管等器官，同时也会使心脏发生障碍；长期暴露于二氧化硫含量在 100ppm 以上浓度的大气中会导致死亡；最后已有文献也普遍认为空气中二氧化硫含量的升高与居民罹患心脏病、癌症以及死亡率增加等有密切的关系（Pope et al.，2002；Burnett et al.，2004；Wong et al.，2002）。

（二）二氧化硫排放量的计算方法

大气中的二氧化硫主要来自自然活动和人为活动，其中自然活动主要是火山活动过程中产生的二氧化硫，而人为活动主要是煤炭和石油等含硫化石燃料在燃烧过程中产生的。在人为活动中又可以分为两个部分：其一是工业活动如火力发电厂、工业锅炉、垃圾焚烧、金属冶炼等工厂在燃烧化石燃料过程中排放的二氧化硫和生产工艺过程中的二氧化硫排放；其二是居民生活过程中燃烧化石燃料产生的二氧化硫。

对于工业企业在燃料燃烧和生产工艺过程中排放的二氧化硫，一般采用实测法来进行度量，而对于居民生活过程中产生的二氧化硫排放则采用经验法以居民生活过程中所消耗的煤炭为基础进行估算：

$$S_{pi} = C_i \times S \times 0.8 \times 2 \qquad (5-1)$$

其中 S_{pi} 为居民生活所产生的二氧化硫排放，C_i 为居民生活所消耗的煤炭，S 为煤炭的含硫量。

(三) 中国的二氧化硫污染

来自《中国统计年鉴》的数据显示，中国二氧化硫排放量在 2011 年为 2217.9 万吨，约占全球二氧化硫排放量的 26%[1]，居世界第一位。中国在 2011 年的二氧化硫排放中，工业污染源的排放量占 90.95%，生活污染源的排放量占 9.04%[2]，即工业污染源是二氧化硫的主要污染源。从空气质量来看，二氧化硫已成为影响城市空气污染的重要污染物：以二氧化硫年均浓度分级指标来看，2011 年中国空气质量在一级以上的地级城市仅占 19.7%；在轻微污染等级下，二氧化硫作为首要污染物出现了 381 天，并且分布在 82 个城市之中，仅次于 PM10。综上可见，二氧化硫已经成为中国环境污染的重要组成部分，并且与居民健康紧密相关。

利用《中国统计年鉴》和《中国环境年鉴》，本书获得了中国 1990～2011 年 30 个省份的地区二氧化硫排放量数据。图 5－1 描述了中国分地区 1990～2011 年二氧化硫排放量的变化，从中可以发现：1990～2003 年，中国二氧化硫排放量有一定的增加，结合中国的产业结构演进趋势，此阶段中国已经基本实现了工业化，第二产业占比增长速度明显降低，从而导致工业二氧化硫排放量的增长速度下降；1993～2002 年，工业行业增加值占 GDP 比重有所增加，并且重工业的发展速度也有一定程度的降低，从而导致此阶段内工业二氧化硫排放量的增长并不明显；然而从 2002 年之后其增长速度大幅度提高，这是因为受金融危机和国有企业改革的影响，中国经济陷入较长时间段的

---

[1] 中国二氧化硫排放量占全球比重数据来自国际能源机构。

[2] 工业污染源占比和生活污染源占比数据来自《中国环境年鉴 2012》。

不景气①，为了推动经济的重新发展，在国家政策的推动下重工业的发展成为新的增长点，重工业产值占工业总产值的比重从 2002 年的 60.86% 增长到 2008 年的 71.33%，从而导致中国二氧化硫尤其是工业二氧化硫排放量大幅度增加；而 2008 年之后，由于国家"流域限批、区域限批"等环境规制政策的严格推行，各个地区的二氧化硫排放量则有一定程度的降低；从分地区的排放水平来看，东部地区排放总量最大，但是其占比则持续下降，然而由于东部地区部分产业尤其是污染性产业向中西部地区转移（李小平、卢先祥，2010；傅帅雄、张可云，2011；何龙斌，2013），从而导致中西部地区尤其是中部地区的二氧化硫排放量大幅度增加。

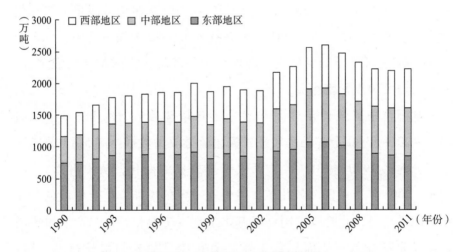

图 5－1 中国地区二氧化硫排放量

由于单纯的总量指标并不能反映地区环境污染的实际程度，因此采取人均指标或者地均指标（如每平方公里二氧化硫排放量）等将会更加合适（杨俊、盛鹏飞，2012；Yang et al.，2013），所以图 5－2 利用人均指标报告了中国地区二氧化硫污染程度。从图 5－2 中可以看出：人均二氧化硫排放量的变化趋势与二氧化硫排放总量的变化趋势是一致的；

① 以工业总产值的变化来看，2001 年的名义工业总产值相对于 1998 年的水平降低了 19.83%。

东部地区 1990~1997 年的人均二氧化硫排放量一直处于全国前列，这与此阶段内东部地区经济增长速度远高于中西部地区是相符合的；但是1998 年之后，由于中西部地区的二氧化硫排放总量的快速增加，其人均二氧化硫排放量开始超过东部地区，并且其与东部地区之间的差距也不断拉大，在这一阶段中西部地区经济增长速度明显提升，同时环境规制强度的提高也促使污染性产业从东部地区向中西部地区转移。

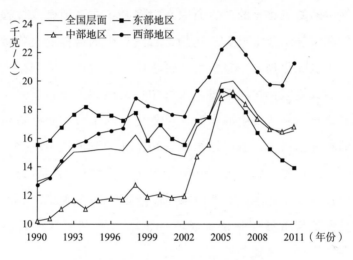

图 5-2 中国地区人均二氧化硫排放量

第二节 氮氧化物污染

（一）氮氧化物与居民健康

氮氧化物是只在高温燃烧时空气中的氮气和燃料中的氮元素和氧气生成的氧化亚氮、一氧化氮和二氧化氮等气体，其中二氧化氮作为主要的大气污染物对居民健康产生多重作用。首先当大气中二氧化氮含量超过 200 微克/立方米时，居民的短期暴露就会严重影响健康，导致哮喘患者支气管反应性增强；而当含量超过 560 微克/立方米时，短期暴露会导致哮喘患者肺功能受到影响。大气中的一氧化氮气体则会通过呼吸系统进入人体血液中与血红蛋白结合，对机体血液输氧功能产生影响，引起缺氧症，并且当空气中一氧化氮含量超过 25 微克/立方米时，则会导致急性中毒、肺部充血和水肿等病症。

（二）氮氧化物排放量的计算方法

大气中的氮氧化物的产生原因有很多种：在高温燃烧过程中空气中的氮气和氧气结合生成氮氧化物；自然界中的含氮有机物被细菌分解时会产生氮氧化物；在硝酸生产过程中由于生产工艺和生产设备的不完善而导致氮氧化物泄漏进入大气中；硝酸和其他物质发生化学反应生成氮氧化物。从发生源来看，氮氧化物的来源主要有自然界中的火山活动和细菌活动、电厂锅炉和各种工业炉窑的燃料燃烧、硝酸生产以及硝化过程和金属高温焊接等。由于缺乏对中国地区氮氧化物的官方权威资料，因此本书参考国家环保部 2008 年实施的《固定污染源检测质量保证与质量控制技术规范（试行）》，利用《产排污系数手册》来测算中国地区氮氧化物的排放。

化石燃料在燃烧过程中产生的氮氧化物主要有两类：其一是燃料中的含氮有机物在一定温度下会产生大量的氧化亚氮，其二是空气中的氮在高温下被氧化为氮氧化物（即温度型氮氧化物）。因此燃料燃烧过程中产生的氮氧化物可以用以下公式来进行衡量：

$$NOX_{it} = 1.63B_{it} \times (\beta \times n + 10 - 6V \times CNOX) \qquad (5-2)$$

其中 NOX 为燃料燃烧过程中的氮氧化物排放量，B 为化石燃料燃烧量，β 为燃料氮向燃料型一氧化氮的转变率，n 为燃料含氮量，V 为 1 吨燃料燃烧生成的温度性一氧化氮的浓度（单位：微克/立方米），$CNOX$ 为燃烧生成的温度型一氧化氮的浓度[①]。

---

① 相关参数来自《固定污染源检测质量保证与质量控制技术规范》。

（三）中国的氮氧化物污染

中国 2011 年氮氧化物排放总量为 2404.3 万吨，占全球氮氧化物排放总量的 28%，是第一大氮氧化物排放国[1]。在中国 2011 年的氮氧化物排放总量中：工业污染源贡献了 1729.7 万吨，占比为 71.94%，是第一大污染源；机动车污染源贡献了 637.6 万吨，占比为 26.52%，是第二大污染源；居民生活源贡献了 36.6 万吨，占比为 1.52%。从空气质量来看，氮氧化物也已成为影响地区空气质量的重要污染物：以二氧化氮年均浓度分级为标准，2011 年地级以上城市空气质量为二级的比重为 16%，并且相对于 2010 年增加了 2.2 个百分点，并且二氧化氮作为首要污染物在 2011 年出现在 12 个城市。综上可得，氮氧化物污染已经成为中国环境污染的重要组成部分，并且与居民的健康紧密相关。

对于中国省际单元氮氧化物排放量数据缺失的情况，本书根据《中国能源统计年鉴》中各个地区的"能源平衡表"资料，收集了各个地区的煤炭、石油和天然气的最终消费量数据，然后利用式（5-2）来计算中国 1995～2011 年 30 个省份的氮氧化物的排放量数据。结合已有研究，本书对比分析了几种研究中关于中国氮氧化物的年排放量（见表 5-1），其中具有可比性的为 1998 年和 2000 年，通过对比可以发现本书的估算结果相对于其他研究较高，但是其差别并不大；同时结合张强、耿冠楠（2012）利用 GOME 和 SCIAMACHY 的二氧化氮对流层柱浓度数据对中国 1996～2010 年的时空格局变化分析结果，发现中国华东、华北地区的人为源氮氧化物排放量增加了 133%，并且同期卫星观测到的二氧化氮浓度则增加了 184%，而本书的估算结果在对应时期内则增加了 168.65%[2]。

---

[1]　占比数据和排名数据来自国际低碳经济研究所发布的《中国已成为污染大国》。

[2]　本书此处的数据为全国范围内不包含西藏地区的氮氧化物的排放量的增长幅度。

表 5-1　关于中国氮氧化物排放量的几种估算结果

年份	排放量（万吨）	数据来源
1990	842.2	王文兴等（1996）
1990	827.3	Aardenne 等（1999）
1998	1183.6	田贺中等（2001）
1998	1377.1	本书
2000	1112.1	孙庆贺等（2004）
2000	1371.9	Aardenne 等（1999）
2000	1384.7	本书

图 5-3 报告了中国地区氮氧化物排放总量的变化趋势。1995 年到 2002 年，中国和各地区的氮氧化物排放总量与二氧化硫排放总量的变化是一致的，并没有发生太大的变化，这与此阶段中国的经济发展速度放缓和产业结构固化是相符合的；2003 年之后，在中国重工业快速发展的背景下，氮氧化物排放总量的增长速度大幅度提高，并且在 2008 年之后仍未有降低的趋势；与二氧化硫排放量的变动趋势不同的是，氮氧化物排放量 1995 年至 2011 年并未出现下降趋势，但是增长速度明显下降；最后，从分地区的层面来看，东部地区和中部地区的氮氧化物的排放量占总排放量的 80% 以上，并且 1995 年到 2011 年并没有发生明显的变化。

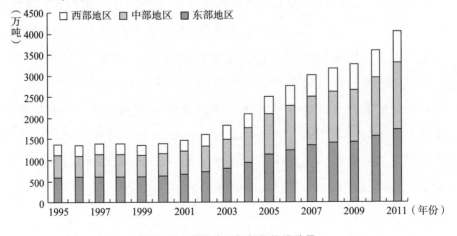

图 5-3　中国地区氮氧化物排放量

图 5-4 描述了中国地区人均氮氧化物排放量的变化趋势，从中可以看出：与地区氮氧化物排放总量的变化趋势相一致，人均氮氧化物排放量也经历了 1995 年到 2002 年的平稳变化和 2003 年到 2011 年的大幅度快速提高；然而，与人均二氧化硫排放量所不同的是，中部地区的人均氮氧化物排放量从 1998 年之后一直处于较高的水平，而东部地区次之，西部地区的水平最低，并且东中部地区之间的差距在 2004 年之后有较大幅度的拉开，而中西部地区之间的差距则没有明显的变化。

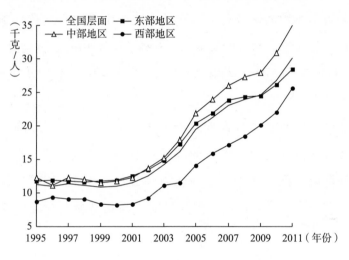

图 5-4　中国地区人均氮氧化物排放量

第三节　二氧化碳污染

（一）二氧化碳与居民健康

从病理学的角度来看，即便二氧化碳浓度超过 500 微克/立方米，其对居民健康也没有明显的影响。然而作为主要的温室气体，二氧化碳能够对地球表面向外散热的过程起到阻止作用，并有可能导致地球表面气温升高，从而影响自然环境中的各种平衡。同时环境污染影响劳动生产率的途径不仅仅通过健康人力资本渠道，而且还可以通过有环境规制和无环境规制条件下产生的厂商成本的差异来对劳动供给和劳动生产率产生影响，因此本书也将二氧化碳作为环境污染物的一种纳入分析框架之内。

（二）二氧化碳排放量的计算方法

由于中国地区二氧化碳排放量缺乏官方权威机构的统计数据，因此国内外很多机构和学者利用不同的方法对中国国内二氧化碳排放量进行了一定的研究，最近的文献主要有林伯强（2010）、蒋金荷（2011）、Clarke－Shther 等（2011）、杨俊和王佳（2012）、何艳秋（2012）。通过对已有文献的总结，现有的度量地区二氧化碳排放的方法主要有两种：其一是在联合国政府间气候变化专业委员会（IPCC）于 2006 年编制的《国家温室气体清单指南》的基础上来进行度量；其二是利用国际机构如国际能源机构（IEA）、英国石油公司（BP）、美国能源部二氧化碳信息分析中心（CDIAC）等发布的不同化石能源品类的碳排放系数来进行度量。

二氧化碳排放来源也是度量地区二氧化碳排放的重要影响因素，根据国际惯例，二氧化碳排放来源主要有四种：其一是化石燃料如煤炭、石油、天然气等在燃烧过程中产生的二氧化碳；其二是水泥生产过程中的二氧化碳排放，中国是世界上最大的水泥生产国，在 2012 年中国共计生产 21.87 亿吨水泥，占世界总产量的 60% 以上，并且水泥生产过程中产生的碳排放也成为重要的碳排放源头，如在 CDIAC（2012）的报告中，中国水泥生产过程中的碳排放占二氧化碳总排放量的 10%；其三是森林砍伐、草场退化和耕地荒漠化等行为导致的碳汇减少会对地区二氧化碳排放产生重要的影响，由于碳汇减少导致的二氧化碳排放量的变化缺乏有效的统计数据，因此本书的计算过程中并不包含此类碳排放；其四是二次能源的净调出，尽管在一次能源加工转化过程中会产生一定的二氧化碳，但是大部分则转化为焦炭、汽油、燃料油，没有等二次能源产品输送到终端消费部门，因此二次能源的净调出燃烧产生的二氧化碳应该从生产地的二氧化碳排放量中剔除。

最后，在以上对二氧化碳排放来源分析的基础上，利用 IPCC 在 2006 年发布的《国家温室气体清单指南》提供的方法，本书计算化石燃料燃烧排放的二氧化碳的方法如下：

$$C_i = \sum_{j=1}^{3} C_{i,j} = \sum_{j=1}^{3} (A_{i,j} \times H_j \times CI_j \times O_j \times B) \qquad (5-3)$$

其中 C_i 为 i 地区二氧化碳总排放量；$C_{i,j}$ 为 i 地区第 j 种化石燃料燃烧产生的二氧化碳；$A_{i,j}$ 为 i 地区第 j 种化石燃料的消耗量；H_j 为第 j 种化石燃料的低位发热量；CI_j 为第 j 种化石燃料的含碳量；O_j 为第 j 种化石燃料的氧化因子；B 为二氧化碳分子与碳原子的质量之比。

水泥生产过程中的二氧化碳排放量计算如下：

$$CEC_i = Q_i \times r_i \times a \qquad (5-4)$$

其中 CEC_i 为 i 地区的水泥生产过程中产生的二氧化碳；Q_i 为 i 地区的水泥生产量；r_i 为 i 地区生产的水泥中熟料所占的比重；a 为水泥生产过程中的二氧化碳排放系数。

（三）中国的二氧化碳污染

按照中国能源统计的口径，所有的化石能源被分为原煤、洗精煤、型煤、其他洗煤、焦炭、焦炉煤气、其他煤气、其他焦化产品、原油、汽油、煤油、柴油、燃料油、液化石油气、炼厂干气、其他石油制品和天然气 17 类。因此，本书利用各个地区的能源平衡表数据来汇总分析各个地区的 17 类能源的消耗量，然后利用能源加工转化率来将 17 类能源品种转化为原煤、原油和天然气等三大类能源产品。限于数据的可得性，本书利用中国 1995 年到 2011 年 30 个省份（西藏、香港、澳门和台湾除外）的能源数据①来计算碳排放，所有的数据均来自《中国能源统计年鉴》中的"地区能源平衡表"。对于海南2002年和宁夏2000年、2001年和2002年的数据缺失问题，本书利用移动平均的方法来补充。最后运用公式（5-3）和（5-4）来计算中国1995~2011年30个省份的二氧化碳排放量。

图5-5报告了中国地区二氧化碳排放量。以全国水平来看，1995年到2011年中国二氧化碳排放量从32.03亿吨增加到97.88亿吨，增长了205.59%；其中1995年到2002年，二氧化碳排放量的增长速度相对较低，而2003年之后其增长速度则明显加强，相对于1995年的水平，2003年到2011年的增长量占1995年到2011年总增长量的89.48%。以分地区的水平来看，东部地区的能源消费占比最高，中部次之，西部最低，并且其所占份额在1995年到2011年期间并没有发生明显的变化。

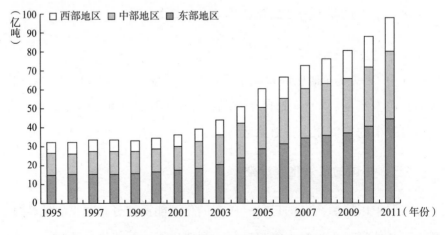

图5-5 中国地区二氧化碳排放量

由于地区二氧化碳排放量反映的是地区的总排放特征，并不能描

---

① 由于统计口径的不同，地区能源平衡表提供了可供本地区消费的一次能源、终端能源消费量和消费量总计三个指标，通过对比三类指标发现消费量合计这一指标所包括内容更为全面，因此本书采用消费量合计作为地区能源消费量，但是存在对地区能源消费量高估的可能性。

述地区二氧化碳排放作为生产活动的变化，因此图5－6报告了中国分地区的二氧化碳排放强度①的变化趋势。以1995年的水平来看，全国层面和东中西部地区的二氧化碳排放强度分别是9.7791吨/万元、7.4899吨/万元、13.7157吨/万元和12.0116吨/万元；从时间变化来看，各个地区的二氧化碳排放强度从1995年到2011年都有明显的降低，但是在2002年到2005年间的二氧化碳排放强度则呈现不降反升的变化，这与此阶段内中国重工业的发展是密切相关的，而2006年之后，各个地区的二氧化碳排放强度则又恢复下降趋势，与中国加强节能减排政策的推行是相符合的；从地区间的差距来看，东部地区和中西部地区的二氧化碳排放强度存在较大的差距，中西部地区的二氧化碳排放强度是东部地区的1.9倍左右，并且从1995年到2011年之间并没有发生显著的变化，而中西部地区之间的差距则逐渐缩小，到2011年基本持平。

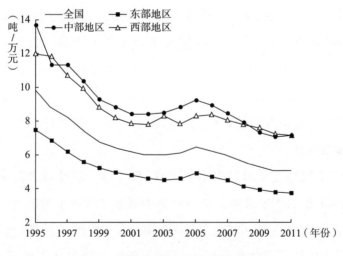

图5－6　中国地区二氧化碳排放强度

---

①　二氧化碳排放强度即地区二氧化碳排放量与地区国内生产总值的比值，单位为吨/万元。

第四节　环境规制现状

环境规制是一个政府监管、市场激励和公众监督等多方面政策和手段相结合的综合性体系，因此准确衡量一个地区的环境规制强度是比较困难的，并且相关的数据来源和数据质量都相对较弱（张成等，2012）。从污染治理投入的角度来看，已有研究主要采用环境规制政策（陈德敏、张瑞，2012）、污染治理投资占企业总成本或者总产值的比重（Berman and Bui，2001；Lanoie et al.，2008；张成等，2012）、污染治理设施设备运行费用（赵红，2007；张成等，2010）等来考察环境规制强度的高低；从产出的角度以环境规制机构对企业环境污染行为的检查和监督次数（Brunnermeier and Cohen，2003；陈德敏、张瑞，2012）、环境规制条件下的污染物排放量的变化等（Sancho et al.，2000；Domazlicky and Weber，2004）为环境规制变量；也有研究以人均收入水平作为环境规制强度的内生变量来衡量地区环境规制强度（Sancho et al.，2000；Domazlicky and Weber，2003）。结合数据的可得性，本书从环境治理的结果出发，以工业二氧化硫去除率来刻画中国的环境规制现状。

图 5-7 报告了中国 1991 年到 2011 年工业二氧化硫去除率变化现状。以 1991 年的水平来看，全国和东中西部地区产生的工业二氧化硫分别只有 11.60%、10.00%、13.00% 和 12.50% 经过污染处理工艺而被去除掉，并且东部地区的工业二氧化硫去除率要低于中西部地区，这与当时中国东部地区工业的快速发展是相关的；从时序变化来看，全国层面和东中西部地区的工业二氧化硫去除率都有较大程度的提高，并且东部地区也逐步赶上并超过中西部地区成为工业二氧化硫去除率最高的地区，并且在 2005 年之后各个地区的工业二氧化硫去除率

的增长速度大幅度提高，这主要得益于中国节能减排、区域限批、流域限批等环境规制政策的严格实施，并且这种现象也表明利用工业二氧化硫去除率作为环境规制的替代变量是合理的。

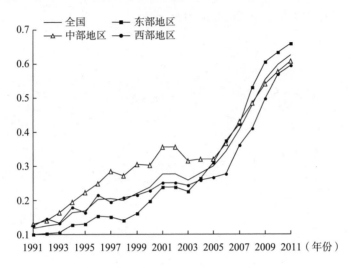

图 5-7　中国地区工业二氧化硫去除率（1991~2011 年）

第五节　本章小结

本章对中国环境污染现状进行了梳理和分析，选取了与居民健康密切相关的二氧化硫污染物和氮氧化物污染物以及与经济发展密切相关的二氧化碳污染物作为衡量环境污染的指标。首先，本章采用合理的方法对样本期内的缺失数据进行重新估算，并且与已有研究的估算进行对比。其次，从动态变化来看，二氧化硫污染物的排放 1990 年到 2008 年有明显的增长，但是 2008 年之后则呈现出一定的下降态势；氮氧化物和二氧化碳的排放在样本期内没有明显的下降，但是其增长的速度明显放缓。再次，从分地区的角度来看，东部地区的污染物排放总量明显高于中西部地区，这与东部地区经济发展水平较高是一致的；然而以人均污染物排放量或者污染物排放强度来看，中西部地区的污染状况已经超过东部地区。最后，在环境污染物排放量增加的同时，中国也推出了越来越严格的环境规制措施，如工业二氧化硫去除率从1991年的11.60%提高到2011年的66.3%。

第六章　环境污染对中国劳动生产率的影响

20 世纪 90 年代以来，随着中国改革开放的进一步深入和社会主义市场经济体制的进一步完善，中国经济获得了快速的发展。然而，由于缺乏有效的环境规制措施，中国的环境资源受到了较为严重的破坏，并且已有的文献表明中国仍处于环境库兹涅茨曲线的左半端（高红霞、杨林等，2012；丁焕峰、李佩仪等，2012），即随着经济水平的提高，中国的环境污染物的排放也将增加。在此背景下，一些研究开始关注环境污染对中国经济增长、技术进步和劳动供给等的影响（许士春、何正霞，2007；贺彩霞、冉茂盛，2009；张成、陆旸，2011），然而正如 Zivin 和 Neidell（2012）所论证的，环境污染可以在不影响劳动供给的前提下对劳动生产率产生显著的影响。本章在第三章所构建的理论分析框架的基础上构建环境污染影响劳动生产率的计量经济模型，来综合分析环境污染影响中国劳动生产率的长期效应、短期效应、区间效应等。

第一节　环境污染影响劳动生产率的实证模型

环境污染影响劳动生产率的渠道是多样的：收入效应和健康成本效应的发生是即期的；替代效应和健康配置效应则涉及厂商在长期内

对生产要素的再配置；环境污染对劳动生产率的直接影响和间接影响也会受到环境污染程度、经济发展水平、环境规制水平等因素的影响。因此在实证模型构建过程中需要区分环境污染对劳动生产率的长期影响和短期影响，需要区分在不同环境污染水平、不同环境治理水平和不同经济发展水平下的区间效应。

（一）基准回归模型

在已有研究的基础上，通过将教育、就业密度和资本深化等作为控制变量纳入劳动生产率的分析框架，本书构建如下的计量分析模型来检验环境污染是否对劳动生产率产生显著的影响。

$$IMPP_{i,t} = \theta_{0,i} + \theta_{1,i}P_{i,t} + \theta_{2,i}K_{i,t} + \theta_{3,i}D_{i,t} + \theta_{4,i}ED_{i,t} + \varepsilon_{i,t} \qquad (6-1)$$

模型（6-1）描述了环境污染影响劳动生产率的长期均衡路径，若 $\theta_{1,i}$ 显著不等于零，则表明环境污染能够对劳动生产率产生影响。在模型中 $IMPP$ 为劳动生产率，P 为环境污染，环境污染由 PS、PN、PC 等三种指标来衡量，其中 PS 为人均二氧化硫排放量（单位：千克/人），PN 为人均氮氧化物排放量（单位：千克/人），PC 为人均二氧化碳排放量（单位：吨/人）。

K 为资本深化。现有的研究证明固定资产投资是影响劳动供给的主要因素（朱劲松、刘传江，2006），并且基于体现性技术进步（Embodied Technology Advancement）（Solow，1957），物质资本中所含有的先进技术也将促进劳动生产率的提高，因此模型将劳均全社会固定资产投资作为主要的控制变量引入。

ED 为教育变量。教育作为人力资本积累的重要渠道，其对劳动生产率会产生重要的影响（张海峰、姚先国、张俊森，2010）。

D 为就业密度，反映了经济集聚对劳动生产率的影响。基于外部经济理论，经济密度对劳动生产率的影响主要通过三个渠道：其一是劳动力池效应，经济集聚程度较高意味着劳动力和厂商的空间集聚，从而能够有效降低劳动供给和劳动需求之间对接的交易成本，从而提高经济运行效率和劳动生产率；其二是产业关联效应，经济集聚是同一产业或者不同产业在同一区位的集聚，因而同一产业内各部门之间的协同效应和不同产业之间的互补效应可以有效降低产业内和产业间的交易成本，对劳动生产率会产生显著的促进效应；其三是技术溢出效应，经济集聚也为产业内和产业间企业提供了一个知识和技术交流的平台，从而能够促进技术创新和技术应用，并带动地区劳动生产率的提高。

（二）面板误差修正模型

为了检验环境污染影响劳动生产率的长期效应与短期效应，本节参照 Pesaran 和 Smith（1995）、Pesaran 等（1997，1999）的方法，运用自回归分布滞后方法（$Auto-regressive\ Distributed\ Lag$，ARDL）建立如下的面板误差修正模型：

$$IMPP_{i,t} = \beta_{10,t}P_{i,t} + \beta_{11,t}P_{i,t-1} + \beta_{20,t}K_{i,t} + \beta_{21,t}K_{i,t-1} + \beta_{30,t}D_{i,t} + \beta_{31,t}D_{i,t-1}$$
$$+ \beta_{40,t}ED_{i,t} + \beta_{41,t}ED_{i,t-1} + \lambda_i IMPP_{it-1}\mu_i + \varepsilon_{it} \qquad (6-2)$$

模型（6-2）为长期均衡模型，对应的参数表征的是解释变量对被解释变量的长期影响。其对应的误差修正模型如下：

$$\Delta IMPP_{i,t} = k_i(IMPP_{i,t-1} - \theta_{0,i} - \theta_{1,i}P_{i,t} - \theta_{2,i}K_{i,t}$$
$$- \theta_{3,i}D_{i,t} - \theta_{4,i}ED_{i,t}) + \beta_{11,t}\Delta P_{i,t}$$
$$+ \beta_{21,t}\Delta K_{i,t} + \beta_{31,t}\Delta D_{i,t} + \beta_{41,t}\Delta ED_{i,t} + \varepsilon_{it} \qquad (6-3)$$

结合长期影响方程（6-2）和自回归分布之后动态面板模型（6-3），面板误差修正模型中的系数关系如下：

$$\kappa_i = \lambda_i - 1;\qquad\qquad \theta_{0,i} = \mu_i/(1-\lambda_i)$$
$$\theta_{1,i} = (\beta_{10,i}+\beta_{11,i})/(1-\lambda_i);\quad \theta_{2,i} = (\beta_{20,i}+\beta_{21,i})/(1-\lambda_i) \qquad (6-4)$$
$$\theta_{3,i} = (\beta_{30,i}+\beta_{31,i})/(1-\lambda_i);\quad \theta_{4,i} = (\beta_{40,i}+\beta_{41,i})/(1-\lambda_i)$$

其中$\theta_{0,i}$加入可以保证协整关系是非零均值的；κ_i为误差调整系数，当$\kappa_i < 0$时意味着变量之间存在长期均衡关系；$\theta_{0,i}$、$\theta_{1,i}$、$\theta_{2,i}$、$\theta_{3,i}$、$\theta_{4,i}$分别是对应的变量对劳动生产率的长期影响系数；$\beta_{11,i}$、$\beta_{21,i}$、$\beta_{31,i}$、$\beta_{41,i}$分别是对应的变量对劳动生产率的短期影响系数。

（三）门槛面板模型

在第三章的理论分析中，环境污染对劳动生产率的影响不仅与经济时期的长短有关，而且会受到环境污染规模、经济发展水平和环境规制水平等因素的影响，表现出区间效应。借鉴 Hansen （1999） 发展起来的门槛面板模型（*Panel Threlhold Model*），本书构建如下的计量经济模型来研究在不同环境污染规模、不同经济发展水平和不同环境规制水平下，环境污染对劳动生产率的影响是否会发生结构性变化。

以环境污染为门槛变量，本书建立如下的门槛面板模型（以单一门槛模型为例）来检验在不同环境污染规模下环境污染对劳动生产率的影响是否会发生变化：

$$IMPP_{i,t} = \varphi_0 + \varphi_1 K_{i,t} + \varphi_2 D_{i,t} + \varphi_3 ED_{i,t} + \gamma_1 P_{i,t}(if \quad P_{it} > PT)$$
$$+ \gamma_2 P_{i,t}(if \quad P_{it} < PT) + \varepsilon_{i,t} + \delta_i \qquad (6-5)$$

其中 PT 为环境污染规模的门槛估计值，δ_i 为不可观测因素，$\varepsilon_{i,t}$ 为随机误差项，γ_1 表示在环境污染规模小于 PT 时环境污染对劳动生产率的影响，γ_2 表示在环境污染规模大于 PT 时环境污染对劳动生产率的影响。

以人均国内生产总值为门槛变量，本书建立如下的门槛面板模型来检验在不同经济发展水平下环境污染对劳动生产率的影响是否会发生变化：

$$IMPP_{i,t} = \varphi_0 + \varphi_1 K_{i,t} + \varphi_2 D_{i,t} + \varphi_3 ED_{i,t} + \alpha_1 P_{i,t}(if \quad G_{it} > GT)$$
$$+ \alpha_2 P_{i,t}(if \quad G_{it} < GT) + \varepsilon_{i,t} + \delta_i \qquad (6-6)$$

其中 G 为人均国内生产总值，GT 为经济发展水平的门槛估计值，α_1 表示在经济发展水平小于 GT 时环境污染对劳动生产率的影响，α_2 表示在经济发展水平大于 GT 时环境污染对劳动生产率的影响。

由于数据的可得性，本书以工业二氧化硫去除率作为环境规制变量，并且其也是规制地区二氧化硫排放量的较好的环境规制代理变量，因此以工业二氧化硫替代率为门槛变量来建立如下的门槛面板模型去检验在不同环境规制水平下二氧化硫污染对劳动生产率的影响是否发生变化：

$$IMPP_{i,t} = \varphi_0 + \varphi_1 K_{i,t} + \varphi_2 D_{i,t} + \varphi_3 ED_{i,t} + \varphi_1 PS_{i,t}(if \quad EPS_{it} > EPST)$$
$$+ \varphi_2 PS_{i,t}(if \quad EPS_{it} > EPST) + \delta_i \qquad (6-7)$$

其中 EPS 为工业二氧化硫去除率，$EPST$ 为工业二氧化硫排放量的门槛估计值，φ_1 表示在环境规制水平小于 $EPST$ 时二氧化硫污染对劳动生产率的影响，φ_2 表示在环境规制水平大于 $EPST$ 时二氧化硫污染对劳动生产率的影响。

二氧化硫和氮氧化物是影响居民健康的重要污染物，同时也是在工业生产和居民生活过程中备受关注的环境规制对象，因此本节也以地区工业二氧化硫去除率为代理变量来讨论在不同环境规制水平下氮氧化物污染对劳动生产率的影响是否发生变化。

$$IMPP_{i,t} = \varphi_0 + \varphi_1 K_{i,t} + \varphi_2 D_{i,t} + \varphi_3 ED_{i,t} + \upsilon_1 PN_{i,t}(if \quad EPS_{it} > EPST)$$
$$+ \upsilon_2 PN_{i,t}(if \quad EPS_{it} > EPST) + \varepsilon_{i,t} + \delta_i \qquad (6-8)$$

其中 υ_1 表示在环境规制水平小于 $EPST$ 时氮氧化物污染对劳动生产率的影响，υ_2 表示在环境规制水平大于 $EPST$ 时氮氧化物污染对劳动生产率的影响。

尽管中国制定了较多的节能减排政策来应对二氧化碳污染带来的环境危机，但是大多数政策缺乏有效的量化指标。然而，由于二氧化碳在过去是一个缺乏有效管制的污染因素，而且中国是在 2000 年之后尤其是 2002～2005 年之后开始实施了严格的节能减排政策，所以本书以时间变量（Year）为门槛变量来构建如下的计量经济模型，去检验在不同的环境规制水平下二氧化碳污染对劳动生产率的影响是否发生变化。

$$IMPP_{i,t} = \varphi_0 + \varphi_1 K_{i,t} + \varphi_2 D_{i,t} + \varphi_3 ED_{i,t} + \nu_1 PC_{i,t}(if \quad Year_{i,t} < YearT)$$
$$+ \nu_2 PC_{i,t}(if \quad Year_{i,t} > YearT) + \varepsilon_{i,t} + \delta_i \qquad (6-9)$$

其中 YearT 为时间变量的门槛估计值，ν_1 表示在有效的节能减排政策实施前二氧化碳污染对劳动生产率的影响，ν_2 表示在有效的节能减排政策实施后二氧化碳污染对劳动生产率的影响。

第二节　数据与方法

（一）数据

根据环境污染数据的可得性，我们可以获得 1990～2011 年中国 30 个省份的二氧化硫排放数据和 1995～2011 年中国省际氮氧化物排放量和二氧化碳排放量，因此本书建立了 1990～2011 年和 1995～2011 年两个时间段的样本，所有的数据均来自《中国统计年鉴》《中国环境年鉴》《中国环境统计年鉴》《中国固定资产统计年鉴》《新中国六十年统计资料汇编》等。

对于资本深化，本书利用人均物质资本存量[①]来进行刻画。对于教育变量，借鉴 Barro 和 Lee（2000）的观点，利用地区人均受教育年限[②]来进行表述。对于就业密度，已有研究大多采用单位面积就业人数来进行表述（陈良文等，2008；张海峰、姚先国等，2010），然而

---

① 物质资本存量的测算方法与第四章相同，都采用单豪杰（2008）的方法。
② 即按照小学 6 年、初中 9 年、高中 12 年、大学 16 年来对不同学历层次的劳动力人数进行赋权测度。

单位面积就业人数会受到地区土地面积的影响,并不能准确描述一个地区的就业密度;根据城镇化发展的内涵,城镇化不仅仅是人口向城镇集中,而且是经济活动向城镇聚集的过程,因此利用城镇从业人数与总从业人数来表述地区的就业密度。对于经济发展水平,以地区人均国内生产总值来进行描述,并按照1990年的价格进行缩减。对于工业二氧化硫去除率,以工业二氧化硫排放量和工业二氧化硫产生量的比值来进行描述。

表6-1给出了模型所涉及的变量的描述性统计,从中可以发现:中国省际单元的资本深化从1990年到2011年有较大程度的提高,说明中国经济发展过程中资本有机构成在不断提高;以人均受教育年限表征的教育水平也从1990年的6.3年增加到2011年的8.9年;就业密度1990~2011年没有明显的变化,但是区域间存在较大的差距;人均GDP和工业二氧化硫去除率在样本期内都有显著的增加,并且工业二氧化硫去除率的区域间差距在不断缩小。

在表6-2中,我们分析了模型所涉及变量的Pearson相关系数,其中环境污染变量和主要控制变量与劳动生产率的相关系数是显著的,并且控制变量之间的相关系数除了资本深化之外都在0.6以下,说明本书所建立的实证模型和所采用的数据是合理的。

表6-1 变量描述性统计

变量	描述	1990		1995		2000		2005		2011	
		均值	变异系数	均值	变异系数	均值	变异系数	均值	变异系数	均值	变异系数
劳动生产率	边际劳动生产率	0.0964	0.9070	0.2118	0.7754	0.2675	1.0859	0.4258	1.0139	0.9688	0.8028
环境污染	人均二氧化硫排放量	14.677	0.5853	17.771	0.6134	17.116	0.5932	22.316	0.5853	19.605	0.7110
	人均氮氧化物排放量	NA	NA	13.828	0.6600	13.568	0.6508	22.364	0.6737	36.379	0.7889
	人均二氧化碳排放量	NA	NA	3.1337	0.6311	3.3097	0.6307	5.3056	0.5969	8.4051	0.6804

变量	描述	1990		1995		2000		2005		2011	
		均值	变异系数	均值	变异系数	均值	变异系数	均值	变异系数	均值	变异系数
资本深化	人均物质资本存量	0.5768	0.6065	0.9665	0.7453	1.7219	0.7990	2.9005	0.6375	6.5040	0.5754
教育	人均受教育年限	6.3166	0.1470	6.8080	0.1356	7.6724	0.1099	7.9502	0.1209	8.9249	0.0911
经济密度	城镇从业人口占比	0.3190	0.5620	0.3333	0.5204	0.2824	0.5309	0.2968	0.5331	0.3803	0.4808
经济发展	人均国内生产总值	0.3393	0.5402	0.5665	0.5993	0.8970	0.6547	1.4117	0.6107	2.5214	0.5499
环境规制	工业二氧化硫去除率	0.1165	0.8583	0.1682	0.8477	0.2385	0.7412	0.2998	0.5637	0.6256	0.2189

表 6-2 变量相关性分析

	劳动生产率	环境污染（二氧化硫）	环境污染（氮氧化物）	环境污染（二氧化碳）	资本深化	教育
劳动生产率	0.1973					
环境污染（二氧化硫）	0.5306	0.6156				
环境污染（氮氧化物）	0.5913	0.5897	0.9888			
环境污染（二氧化碳）	0.9173	0.2616	0.6766	0.7348		
资本深化	0.7018	0.1876	0.5539	0.6156	0.7528	
教育	0.5778	0.1828	0.2288	0.2818	0.5186	0.6030

（二）方法

1. 动态面板估计方法

由于传统的回归模型会受到因变量内生性问题的影响，从而导致固定效应或者随机效应下的 OLS 估计结果不满足无偏性和一致性，所以，为了解决这一问题，Anderson 和 Hsiao（1981）提出了利用一阶差分来去除个体效应（以下称为 AH 方法），并选择因变量的二阶滞后项和二阶差分滞后项来作为工具变量，其能够在理论上保证估计量是一致的，但是由于滞后项非常接近于1，因此对应的工具变量将会导致这两个估计量是无效的；基于 AH 方法，Arellano 和 Bond（1991）提出了差分广义矩估计方法（AB），利用因变量的两期以上滞后项作为工具变量来获得更为有效的估计结果，然而当解释变量存在时间上的连续性时，工具变量也将变弱从而影响估计过程的渐进有效性；Arellano 和 Bover（1995），以及 Blundell 和 Bond（1998）将滞后的水平值作为工具变量的一阶差分方程和水平值方程结合在一起建立了系统广义矩估计方法，从而克服了动态面板数据模型中参数估计的有偏性和非一致性问题。由于广义矩估计先验地假设估计方程回归系数是同质的，因此在截面单元（N）和时间序列（T）较大时，基于差分广义矩估计的结果是有偏的，因此 Pesaran 等（1995）则提出了组均值（Pooled Mean Group）方法，其可以放松对短期影响系数和长期影响系数同质的假设，因此可以满足在大 N 和大 T 下的非平稳异质面板的估计要求；Pesaran 等（1997，1999）提出混合组均值估计（Pooled Mean Group，PMG）方法，通过假定长期影响系数是同质的而短期影响系数是异质的来获得更为有效的估计结果；与 PMG 和 MG 方法所不同，动态固定效应（Dynamic Fixed - Effects）方法通过将长期影响系数、短期影响系数和误差调整系数等都先验地认为是同质的来估计动态面板误差修正模型。最后，结合数据特征，本书采用 PMG、MG 和 DFE 等三种方法来估计模型（6 - 2）和（6 - 3），并利用 Baltagi 等（2000）和 Baum 等（2003）提出的 Hausman 统计量来对不同的估计结果进行评估。

2. 门槛面板模型估计方法

以门槛面板模型（6 - 5）为例，由于 δ_i 为不可观测的异质性因素，因此为了得到参数的 BLUE 估计量，必须将 δ_i 消除掉，通常的方法是用每一个观测值减去其组内平均值，也即：

$$IMPP_{i,t}^* = IMPP_{i,t} - \frac{1}{T}\sum_{t=1}^{T} IMPP_{i,t}; \quad K_{i,t}^* = K_{i,t} - \frac{1}{T}\sum_{t=1}^{T} K_{i,t}$$

$$ED_{i,t}^* = ED_{i,t} - \frac{1}{T}\sum_{t=1}^{T} ED_{i,t}; \quad D_{i,t}^* = D_{i,t} - \frac{1}{T}\sum_{t=1}^{T} D_{i,t} \quad (6-10)$$

$$P_{i,t}^* = P_{i,t} - \frac{1}{T}\sum_{t=1}^{T} P_{i,t}$$

在式（6-10）的基础上，模型（6-5）也可以变换如下：

$$IMPP_{i,t}^* = \varphi_0 + \varphi_1 K_{i,t}^* + \varphi_2 D_{i,t}^* + \varphi_3 ED_{i,t}^* + \gamma_1 P_{i,t}^*(if \quad P_{it} > PT)$$

$$+ \gamma_2 P_{i,t}^*(if \quad P_{it} < PT) + \varepsilon_{i,t} \quad (6-11)$$

在给定的门槛值（PT）情形下，运用 OLS 估计可以得到式（6-5）的 BLUE 估计量，然后则需要进行两方面的检验，即门槛效应是否显著和门槛的估计值是否为真实值①。

第三节 环境污染影响劳动生产率的检验结果

（一）环境污染对劳动生产率的静态影响

利用面板固定效应估计方法，表6-3报告了模型（6-1）基于三种环境污染变量的估计结果，从中可以发现：资本深化对劳动生产率的影响系数显著为正，这与已有研究是相符合的；不同于基于人力资本理论和新增长理论的预期，教育变量并不显著而且其符号为负，即随着人均受教育年限的增加，劳动生产率并没有得到改善，然而本书的结论与 Barro 和 Sala - i - Martin（1995）、Prichett（2001）和张海峰等（2012）的结论是一致的，其可能的原因在于人均受教育年限在

---

① 具体请参看 Hansen，B. E. 1999. "Threshold Effects in Non - Dynamic Panels: Estimation, Testing, and Inference"，*Journal of Econometrics*，2：345 - 368。

短期内并没有明显的变化，因而不能表现出对劳动生产率或经济增长的促进效应（Krueger and Lindhal，2001），而 Prichett（2001）的研究则认为在教育质量较低的情况下教育规模（人均受教育年限）并不能产生有效的人力资本，所以教育对劳动生产率的影响是不显著的，并且张海峰等（2012）基于中国的省际面板数据也支持 Prichett（2001）的观点；对于经济密度，与已有研究相符合（范剑勇等，2006；陈良文等，2008；张海峰、姚先国，2010），随着经济密度的提高，劳动生产率有显著的提高。最后，模型（6-1）的主要控制变量都与已有研究是一致的，并且具有明显的经济意义，从而说明基准回归模型的结果是有效的。

表 6-3　基准回归模型

	劳动生产率	劳动生产率	劳动生产率
环境污染 （二氧化硫）	-0.0035 *** （0.0010）		
环境污染 （氮氧化物）		-0.0021 *** （0.0006）	
环境污染 （二氧化碳）			-0.0107 *** （0.0033）
资本深化	0.1321 *** （0.0042）	0.1402 *** （0.0050）	0.1414 *** （0.0052）
教育	-0.0137 （0.0099）	-0.0091 （0.0103）	-0.0056 （0.0106）
经济密度	0.4267 *** （0.1136）	0.4093 *** （0.1154）	0.3887 *** （0.1169）
常数项	0.0732 （0.0828）	-0.0059 （0.0817）	-0.0212 （0.0822）

注："***""**"和"*"分别表示在"1%"、"5%"和"10%"的水平上显著，（　）内为估计参数对应的标准差，以上说明适用于全书。

对于环境污染变量，无论是二氧化硫污染、氮氧化物污染还是对居民健康无明显损害的二氧化碳污染都表示劳动生产率随着环境污染规模的增加有显著的下降，这与杨俊、盛鹏飞（2012）的结果略有不同，但是与 Graffzivin 和 Neidell（2012）的研究结果①是一致的。在杨俊、盛鹏飞（2012）的研究中，当期环境污染对劳动生产率有显著的正效应，而滞后一期的环境污染变量对劳动生产率的影响才显著为负，也即环境污染对劳动生产率的负效应是滞后的，而本书的结果则显示环境污染对当期劳动生产率的影响即为负的，并不是滞后负效应。这是因为在杨俊、盛鹏飞（2012）的研究中所采用的劳动生产率指标是人均劳动报酬，是一种平均意义上的劳动生产率，并且人均劳动报酬在衡量劳动生产率方面存在一定的偏差，而本节采用的是边际劳动生产率，是一种将资本等其他要素对产出的影响剔除之后的劳动生产率，并且是从要素投入和要素配置的角度来度量的劳动生产率。根据本书第三章的研究，环境污染对劳动生产率的影响主要通过要素再配置和损害居民健康人力资本等渠道对劳动生产率产生影响，因此本节的研究尽管与杨俊、盛鹏飞（2012）有所不同，但是研究结果却更加稳健合理。

（二）环境污染对劳动生产率的动态影响

为了探讨在长期和短期中环境污染对劳动生产率的影响是否存在不同，应用模型（6-2）和（6-3），运用 PMG、MG 和 DFE 估计面板误差修正模型进行实证检验（见表6-4）。研究结果表明：Hausman 检验的结果显示基于 DFE 方法的估计结果显著优于基于 PMG 方法和 MG 方法的估计结果，因此本书采用基于 DFE 方法的估计结果进行分析；所有模型的误差调整系数都显著为负，说明模型存在显著的长期均衡关系；无论是在包含二氧化硫污染变量的模型还是在包含氮氧化物污染或二氧化碳污染变量的模型中，所有控制变量的长期系数与基准回归模型（见表6-3）的估计结果是一致的，因此本模型估计的结果是稳健的。

---

① Zivin 和 Neidell（2012）利用加利福尼亚州中心山谷的一家农场的劳动生产率和臭氧浓度数据进行实证研究发现，臭氧浓度对当期劳动生产率有显著的负效应，但是对滞后一期的劳动生产率的影响则并不显著。

　　对于环境污染变量。二氧化硫污染、氮氧化物污染和二氧化碳污染对劳动生产率的长期影响显著为负，这与基准回归模型（见表6－3）的计量结果是一致的，也即从长期来看，放松环境管制带来的环境污染物排放的增加将不利于劳动生产率的提高。与长期影响效应不同，氮氧化物污染和二氧化碳污染对劳动生产率的短期影响并不显著，但是其符号为正，二氧化硫污染对劳动生产率的短期影响系数则显著为正；利用第三章的理论分析结果，环境污染对劳动生产率的短期影响主要体现为收入效应，而收入效应对劳动生产率的影响是正效应，从而与本节的实证研究结果是一致的。

　　最后，基于环境污染影响劳动生产率的长期效应和短期效应的估计结果，环境污染的变化在短期内并不一定导致劳动生产率的下降，甚至可以起到提高劳动生产率的作用。然而相对于环境污染影响劳动生产率的长期负效应，短期正效应是非常微弱的，因此经济发展相对落后地区通过放松环境管制手段来吸引投资尽管可以在短期带动经济增长，但是在长期环境恶化会引致区域内劳动生产率的显著下降，从而抵消短期正效应。所以，在评估环境污染对区域内经济发展的影响时，需要统筹考虑环境污染影响劳动生产率的长期效应和短期效应。

表6－4　面板误差修正模型

环境污染变量		二氧化硫污染			氮氧化物污染	二氧化碳污染
计量方法		MG	PMG	DFE	DFE	DFE
长期影响系数	环境污染	－ 0.0053 (0.0072)	0.0009 (0.0008)	－ 0.0065 *** (0.0022)	－ 0.0036 *** (0.0014)	－ 0.0217 *** (0.0068)
	资本深化	0.0391 (0.0512)	0.0813 *** (0.0089)	0.1515 *** (0.0132)	0.1706 *** (0.0134)	0.1761 *** (0.0138)
	教育	0.0769 (0.0558)	－ 0.0094 (0.0084)	－ 0.0528 *** (0.0204)	－ 0.0463 ** (0.0212)	－ 0.0363 *** (0.0216)
	经济密度	1.3854 * (0.7770)	0.4244 *** (0.1248)	0.6690 *** (0.2239)	0.6235 *** (0.2286)	0.5491 ** (0.2308)

环境污染变量		二氧化硫污染			氮氧化物污染	二氧化碳污染
计量方法		MG	PMG	DFE	DFE	DFE
误差调整系数	EC	− 0.9704 ***	− 0.7634 ***	− 0.5308 ***	− 0.5285 ***	− 0.5285 ***
		(0.7775)	(0.0550)	(0.0434)	(0.4345)	(0.04336)
短期影响系数	环境污染	− 0.0003	− 0.0037	0.0033 *	0.0002	0.0063
		(0.0042)	(0.0041)	(0.0020)	(0.0013)	(0.0059)
	资本深化	0.3081 **	0.2138 ***	0.0668 *	0.0448	0.0401
		(0.1238)	(0.0504)	(0.0371)	(0.0347)	(0.0345)
	教育	− 0.0008	0.0287	0.0496 ***	0.0504 ***	0.0472 ***
		(0.0250)	(0.2334)	(0.0180)	(0.0182)	(0.0182)
	经济密度	− 0.2756	0.0374	− 0.2545	− 0.2610	− 0.2606
		(0.4644)	(0.3264)	(0.1952)	(0.1953)	(0.1949)
常数项		− 0.2894	0.0024	0.1552 *	0.0867	0.0646
		(0.2860)	(0.0156)	(0.0876)	(0.0881)	(0.0885)
Hausman（1）			1.55		1.01	0.53
			[0.8177]		[0.9086]	[0.9710]
Hausman（2）				0.89	1.09	1.16
				[0.9266]	[0.8952]	[0.8854]

注：Hausman（1）的原假设为基于 PMG 方法的估计结果优于基于 MG 方法的估计结果；Hausman（2）的原假设为基于 DFE 方法的估计结果优于基于 PMG 方法的估计结果；［ ］内为 Hausman 检验对应的伴随概率。

（三）基于环境污染规模的环境污染影响劳动生产率的区间效应

为了检验在不同环境污染规模下环境污染对劳动生产率的影响是否发生变化，本节运用 Hansen（1999）提出的门槛面板回归模型对模型（6－5）进行估计。表 6－5 报告了门槛效应的检验结果，从中可以发现在分别以人均二氧化硫排放量、人均氮氧化物排放量和人均二氧化碳排放量作为环境污染变量和门槛变量的情况下，三个计量模型均存在三重门槛效应，并且其在 10% 的水平上是显著的，门槛估计值均落在 95% 的置信区间之内①，这说明环境污染对劳动生产率的影响

①　受篇幅限制，门槛估计值的置信区间并未在表中显示，有兴趣的读者可以向作者索要。

会受到环境污染规模的影响。

表 6 - 5　门槛效应检验

	二氧化硫污染		氮氧化物污染		二氧化碳污染	
	门槛估计值	显著性	门槛估计值	显著性	门槛估计值	显著性
单一门槛	10.46	11.88 ** [0.05]	56.83	20.18 ** [0.02]	6.27	22.15 *** [0.01]
双重门槛	17.56 10.46	8.72 ** [0.04]	22.01 55.31	12.03 ** [0.03]	6.22 11.76	13.37 * [0.06]
三重门槛	50.26	5.84 * [0.07]	7.96	6.46 * [0.10]	9.21	11.7 ** [0.06]

注：门槛显著性统计量为 F 统计量，并且借鉴 Hansen（1999）的建议通过 Bootstrap（300）来获得稳健估计量，[　] 内为 F 统计量对应的伴随概率。下表中的对应符号如无特殊说明，与此表相同。

表 6 - 6 描述了在不同环境污染规模下环境污染对劳动生产率的具体影响。对于二氧化硫污染，当人均二氧化硫排放量小于 10.46 千克时，其对劳动生产率的影响显著为正；当人均二氧化硫排放量介于 10.46 千克和 17.56 千克之间时，二氧化硫污染对劳动生产率的影响依然显著为正，但是其边际效应明显下降；当人均二氧化硫排放量介于 17.56 千克和 50.26 千克之间时，二氧化硫污染对劳动生产率的正效应不再显著；当人均二氧化硫排放量大于 50.26 千克时，二氧化硫污染对劳动生产率呈现出显著的负影响。对于氮氧化物污染，当人均氮氧化物排放量小于 22.01 千克时，氮氧化物污染的系数显著为正；而在当人均氮氧化物排放量介于 22.01 千克和 55.31 千克之间时，氮氧化物污染对劳动生产率的影响也将不再显著；当人均氮氧化物排放量超过 55.32 千克时，氮氧化物污染对劳动生产率的影响显著为负。对于二氧化碳污染，当人均二氧化碳排放量小于 6.22 吨时，人均二氧化碳排放量每增加一个百分点，劳动生产率将会增加 0.0091 个百分点；而当人均二氧化碳排放量介于 6.22 吨和 11.76 吨之间时，二氧化碳污染对劳动生产率的影响不显著；当人均二氧化碳排放量超过

11.76吨时，人均二氧化碳排放量每增加一个百分点将会导致劳动生产率下降0.1169个百分点。以上计量结果与基准回归结果并不完全一致，这是因为基准回归模型（6-1）采用的是长期均衡分析思路，其计量分析结果更多反映的是平均意义上的环境污染等变量对劳动生产率的影响，而基于门槛面板回归结果则是将样本依据环境污染程度分解成多个子样本，基于每一子样本的回归结果会相对于总体回归结果有一定偏离，但是这种偏离更符合数据的实际特征，同时也能够用来检验本书第三章提出的理论分析结论。

表6-6 不同环境污染规模下环境污染对劳动生产率的影响

	二氧化硫污染	氮氧化物污染	二氧化碳污染
环境污染（P1）	0.0155 ***	0.0121 ***	0.0091 *
	(0.0039)	(0.0037)	(0.0049)
环境污染（P2）	0.0049 **	0.0037 ***	-0.0060
	(0.0023)	(0.0012)	(0.0043)
环境污染（P3）	0.0004	0.0008	0.0050
	(0.0014)	(0.0009)	(0.0046)
环境污染（P4）	-0.0018 **	-0.0021 ***	-0.1169 ***
	(0.0011)	(0.0006)	(0.0947)
资本深化	0.1322 ***	0.1465 ***	0.1475 ***
	(0.0044)	(0.0052)	(0.0055)
教育	-0.0086	-0.0529 ***	-0.0447 ***
	(0.0102)	(0.0124)	(0.0130)
经济密度	0.4008 ***	0.3960 ***	0.3177 ***
	(0.1119)	(0.1137)	(0.1158)
常数项	-0.0738	0.2507 ***	0.2328 **
	(0.0873)	(0.0915)	(0.0946)

注：P1为小于第一个门槛值时环境污染变量，P2为介于第一个门槛和第二个门槛之间的环境污染变量，P3为介于第二个门槛和第三个门槛之间的环境污染变量，P4为大于第三个门槛的环境污染变量。

根据表6-6的结果，本书发现无论是二氧化硫污染还是氮氧化物污染和二氧化碳污染，随着环境污染规模的增加，环境污染对劳动生产率的影响都呈现出由正转负的倒"U"形转变。这种倒"U"形转变主要来自两个方面的原因，其一是环境污染对居民健康的损害存在一定的阈值效应，即只有当环境污染达到一定程度之后才会对居民的健康产生可识别的损害，因此较低水平的环境污染不会对居民健康产生影响。其二是环境污染对劳动生产率的影响渠道是多方面的：根据第三章的理论研究结果，环境污染对厂商生产成本的影响会随着环境污染规模的增加而减弱，对劳动者健康人力资本的负影响则会随着环境污染规模的增加而增强，因此随着环境污染规模的增加，环境污染对劳动生产率的正效应将不再显著，而通过健康人力资本渠道对劳动生产率施加的负影响会越来越大，环境污染影响劳动生产率的总效应能够随着环境污染程度的恶化而发生倒"U"形转折。

表6－6的估计结果显示环境污染与劳动生产率之间的关系随着环境污染程度的变化呈现倒"U"形转变，因此我们采用表6－7报告中国省际单元2011年的环境污染对劳动生产率的具体影响。研究结果发现：环境污染对劳动生产率的影响在省际单元层面存在较强的异质性，并且会受到污染物种类的不同而表现出差异性；处于东部地区的省际单元的环境污染对劳动生产率的影响大多不显著，只有少部分省份如北京具有显著的正效应；以人均二氧化碳排放量为例，处于东部地区的省际单元的环境污染对劳动生产率并没有显著的负效应，而处于中西部地区的省际单元的影响效应则显著为负，由于二氧化碳是与化石能源紧密相关的，因此处于中西部地区的省际单元通过放松环境管制引入大量"高耗能、高污染、高排放"企业并不会带来劳动生产率的增加；以人均二氧化硫排放量和人均氮氧化物排放量来看，大部分省际单元的环境污染对劳动生产率并没有显著促进效应，内蒙古、山西和宁夏等省际单元的环境污染会显著降低其劳动生产率的影响，这些结果也表明提高环境规制水平、抑制高污染企业的进入并不一定降低区域内的劳动生产率。与基准回归分析结果相比，以上分析的不同之处在于环境污染对劳动生产率并不一定呈现出显著的负效应，但

是这种情况主要发生在处于东部地区的省际单元，这主要是因为这些省际单元已经完成或跨越了工业化阶段，主导产业已经从"高污染、高耗能、高排放"产业向环境友好产业转变，经济增长对环境资源的依赖性逐渐减弱，环境污染水平大幅度降低，因此研究结果也表明环境污染对劳动生产率的影响在这些省际单元也没有呈现出明显的促进效应，因此采取严格的环境规制措施依然是合理的[①]。

表 6-7　不同环境污染程度下环境污染对劳动生产率的具体影响（2011 年）

	人均二氧化硫排放量		人均氮氧化物排放量		人均二氧化碳排放量	
	排放水平	影响效应	排放水平	影响效应	排放水平	影响效应
北京	4.82	正效应	13.47	正效应	4.82	正效应
天津	16.95	正效应（减弱）	38.85	正效应（不显著）	16.95	正效应
河北	19.40	不显著	38.89	正效应（不显著）	19.40	正效应（不显著）
辽宁	25.56	不显著	40.48	正效应（不显著）	25.56	正效应（不显著）
上海	10.18	正效应	28.33	正效应（不显著）	10.18	正效应（不显著）
江苏	13.27	正效应（减弱）	32.25	正效应（不显著）	13.27	正效应（不显著）
浙江	12.06	正效应（减弱）	26.02	正效应（不显著）	12.06	正效应（不显著）
福建	10.41	正效应	22.62	正效应（不显著）	10.41	正效应（不显著）
山东	18.87	不显著	38.04	正效应（不显著）	18.87	正效应（不显著）
广东	8.03	正效应	17.60	正效应	8.03	正效应（不显著）
广西	11.16	正效应（减弱）	14.33	正效应	11.16	负效应
海南	3.69	正效应	10.27	正效应	3.69	负效应
山西	38.74	不显著	84.24	负效应	38.74	负效应
内蒙古	56.50	负效应	127.18	负效应	56.50	负效应
吉林	14.95	正效应（减弱）	37.38	正效应（不显著）	14.95	负效应
黑龙江	13.54	正效应（减弱）	32.84	正效应（不显著）	13.54	负效应
安徽	8.83	正效应	22.26	正效应（不显著）	8.83	负效应
江西	12.95	正效应（减弱）	14.52	正效应	12.95	负效应
河南	14.52	正效应（减弱）	27.68	正效应（不显著）	14.52	负效应

---

① 同时也表明，严格的环境规制措施抑制的环境质量改善带来的正效用，不会被其对劳动生产率的不利影响所抵消。

续表

	人均二氧化硫排放量		人均氮氧化物排放量		人均二氧化碳排放量	
	排放水平	影响效应	排放水平	影响效应	排放水平	影响效应
湖北	11.50	正效应（减弱）	25.75	正效应（不显著）	11.50	负效应
湖南	10.34	正效应	18.33	正效应	10.34	负效应
重庆	20.00	不显著	22.98	正效应（不显著）	20.00	负效应
四川	11.15	正效应（减弱）	13.70	正效应	11.15	负效应
贵州	31.67	不显著	31.78	正效应（不显著）	31.67	负效应
云南	14.85	正效应（减弱）	19.43	正效应	14.85	负效应
陕西	24.37	不显著	33.08	正效应（不显著）	24.37	负效应
甘肃	24.21	不显著	22.97	正效应（不显著）	24.21	负效应
青海	27.42	不显著	25.81	正效应（不显著）	27.42	负效应
宁夏	63.85	负效应	112.62	负效应	63.85	负效应
新疆	34.37	不显著	41.40	正效应（不显著）	34.37	负效应

（四）基于经济发展水平的环境污染影响劳动生产率的区间效应

本书第三章的理论研究表明环境污染对劳动生产率的影响在处于不同经济发展水平时也存在较大差异，因此有必要讨论在不同经济发展水平下环境污染对劳动生产率的影响。表6-8报告了以人均GDP作为门槛变量的模型的门槛效应检验结果：以二氧化硫污染为环境污染变量的模型显示存在双重门槛效应；以氮氧化物污染和二氧化碳污染为环境污染变量的模型显示存在单一门槛；所有有效的门槛估计值均落在95%的置信区间之内。因此，环境污染对劳动生产率的影响会随着经济发展水平的变化而转变。

表6-8　门槛效果检验

	二氧化硫污染		氮氧化物污染		二氧化碳污染	
	门槛估计值	显著性	门槛估计值	显著性	门槛估计值	显著性
单一门槛	1.40	12.74 * [0.06]	1.67	5.03 * [0.10]	1.72	6.17 ** [0.02]

	二氧化硫污染		氮氧化物污染		二氧化碳污染	
	门槛估计值	显著性	门槛估计值	显著性	门槛估计值	显著性
双重门槛	0.84 1.67	12.04 * [0.09]	0.81 1.67	2.19 [0.24]	0.85 1.72	2.66 [0.25]
三重门槛	0.59	2.27 [0.28]	0.55	0.78 [0.44]	0.45	1.09 [0.31]

表 6 – 9 报告了在不同经济发展水平下环境污染对劳动生产率的影响。对于二氧化硫污染，当人均 GDP 小于 0.84 万元时，二氧化硫污染对劳动生产率的负效应不显著；当人均 GDP 大于 0.84 万元时，二氧化硫污染对劳动生产率的影响显著为负；当人均 GDP 超过 1.67 万元时，二氧化硫污染对劳动生产率的负效应进一步加强。对于氮氧化物污染，当人均 GDP 小于 1.67 万元时，氮氧化物污染对劳动生产率产生显著的负效应；当人均 GDP 大于 1.67 万元时，氮氧化物污染的负效应也明显大于前者。对于二氧化碳污染，其对劳动生产率的影响显著为负，并且当人均 GDP 超过 1.72 万元时，二氧化碳污染对劳动生产率的负效应有增强的特征。

根据表 6 – 9 的回归结果，在不同经济发展水平下，环境污染对劳动生产率的影响呈现出显著的区间效应，即随着经济发展水平的提高，环境污染对劳动生产率的负效应逐渐增强。借助于 Mcgranahan 等（2001）的论证，当经济发展水平较低时，居民更关注经济增长，较少考虑环境污染带来的负效应，然而经济发展达到一定水平时，环境污染带来的负效应日渐凸显并引起居民的更多关注，也即居民对环境污染带来的损害变得更加敏感，环境污染可以影响居民的劳动支付意愿，并反映到劳动生产率层面。更为具体的分析可以结合本书第三章的结论，当经济发展水平较高时，居民从关注收入提高转向关注环境污染引致的负效应，环境污染影响劳动生产率的收入效应变为负向效应，会抵消环境污染对劳动生产率的正向替代效应，导致劳动生产率下降；并且随着经济发展水平的提高，收入效应不断增强，导致环境污染对劳动生产率的负效应随着经济发展水平的提高而逐渐增强。

表6-9　不同经济发展水平下环境污染对劳动生产率的影响

	二氧化硫污染	氮氧化物污染	二氧化碳污染
环境污染（P1）	-0.0001 (0.0013)	-0.0031*** (0.0010)	-0.0195*** (0.0053)
环境污染（P2）	-0.0025*** (0.0010)	-0.0047*** (0.0011)	-0.0266*** (0.0054)
环境污染（P3）	-0.0054*** (0.0012)		
资本深化	0.1455*** (0.0051)	0.1518*** (0.00747)	0.1568*** (0.0079)
教育	-0.0143 (0.0101)	-0.0410*** (0.0154)	-0.0356** (0.0153)
经济密度	0.3093*** (0.1143)	0.5250*** (0.1458)	0.4899*** (0.1459)
常数项	0.0554 (0.0844)	0.2150* (0.1232)	0.2007* (0.1216)

表6-10报告了中国省际单元在2011年的经济发展水平下环境污染对劳动生产率的具体影响。与考虑环境污染程度的影响效应不同的是，处于东部地区的省际单元的环境污染对劳动生产率呈现出显著增强的负效应。这是因为处于东部地区的省际单元的经济发展水平相对较高，居民对环境污染带来的负效应更加关注，因此对环境污染带来的损害更加敏感；东部地区的大部分省际单元已经完成工业化，并且逐步进入后工业化时代，经济增长更多依赖于技术进步和效率提高，劳动者也从非熟练工人向熟练工人和具备高人力资本积累的人才转变，居民对环境质量的需求也越来越高，因此放任企业采取"高污染、高能耗、高排放"的增长会降低劳动者的支付意愿，不利于劳动生产率的提高。对于处于经济发展水平相对较低的中西部地区的省际单元，环境污染对劳动生产率的影响也呈现出显著的负效应，尽管这

些省际单元呈现出的负效应低于东部地区的省际单元，但是也说明放松环境管制同样不利于其劳动生产率和经济发展水平的提高。对于处于中西部地区的省际单元，尽管相对于东部地区省份更关注经济增长，但是放松环境管制并不能充分降低厂商的生产成本，这是因为这些省际单元的熟练工人和具备高人力资本的人才相对短缺，交通、通信、商业服务等基础设施相对落后，产业链条相对不完善，产业集聚效应不明显，所以厂商除了环境规制成本较低之外的其他成本都相对较高，放松环境规制并不能带来劳动生产率的提高。

表 6 – 10　不同经济发展水平下环境污染对劳动生产率的具体影响（2011 年）

	二氧化硫污染		氮氧化物污染		二氧化碳污染	
	排放水平	影响效应	排放水平	影响效应	排放水平	影响效应
北京	4.82	负效应（增强）	13.47	负效应（增强）	4.82	负效应（增强）
天津	16.95	负效应（增强）	38.85	负效应（增强）	16.95	负效应（增强）
河北	19.40	负效应（增强）	38.89	负效应（增强）	19.40	负效应（增强）
辽宁	25.56	负效应（增强）	40.48	负效应（增强）	25.56	负效应（增强）
上海	10.18	负效应（增强）	28.33	负效应（增强）	10.18	负效应（增强）
江苏	13.27	负效应（增强）	32.25	负效应（增强）	13.27	负效应（增强）
浙江	12.06	负效应（增强）	26.02	负效应（增强）	12.06	负效应（增强）
福建	10.41	负效应（增强）	22.62	负效应（增强）	10.41	负效应（增强）
山东	18.87	负效应（增强）	38.04	负效应（增强）	18.87	负效应（增强）
广东	8.03	负效应（增强）	17.60	负效应（增强）	8.03	负效应（增强）
广西	11.16	负效应	14.33	负效应	11.16	负效应
海南	3.69	负效应（增强）	10.27	负效应（增强）	3.69	负效应（增强）
山西	38.74	负效应（增强）	84.24	负效应（增强）	38.74	负效应（增强）
内蒙古	56.50	负效应（增强）	127.18	负效应（增强）	56.50	负效应（增强）
吉林	14.95	负效应（增强）	37.38	负效应（增强）	14.95	负效应（增强）
黑龙江	13.54	负效应（增强）	32.84	负效应（增强）	13.54	负效应（增强）
安徽	8.83	负效应	22.26	负效应	8.83	负效应
江西	12.95	负效应	14.52	负效应	12.95	负效应
河南	14.52	负效应	27.68	负效应	14.52	负效应

续表

	二氧化硫污染		氮氧化物污染		二氧化碳污染	
	排放水平	影响效应	排放水平	影响效应	排放水平	影响效应
湖北	11.50	负效应（增强）	25.75	负效应（增强）	11.50	负效应（增强）
湖南	10.34	负效应	18.33	负效应	10.34	负效应
重庆	20.00	负效应（增强）	22.98	负效应（增强）	20.00	负效应（增强）
四川	11.15	负效应（增强）	13.70	负效应（增强）	11.15	负效应
贵州	31.67	负效应（不显著）	31.78	负效应	31.67	负效应
云南	14.85	负效应	19.43	负效应	14.85	负效应
陕西	24.37	负效应（增强）	33.08	负效应（增强）	24.37	负效应（增强）
甘肃	24.21	负效应	22.97	负效应	24.21	负效应
青海	27.42	负效应	25.81	负效应	27.42	负效应
宁夏	63.85	负效应	112.62	负效应	63.85	负效应
新疆	34.37	负效应（增强）	41.40	负效应（增强）	34.37	负效应（增强）

（五）　基于环境规制水平的环境污染影响劳动生产率的区间效应

　　"污染天堂假说"表明严格的环境规制措施会促使发达国家的污染性产业转移到环境规制相对宽松的发展中国家，这也意味着环境规制会改变区域内的环境污染成本信息，改变区域内的产业结构，改变区域内的资源配置格局，对劳动生产率产生影响，因此探讨在不同环境规制水平下环境污染对劳动生产率的影响有着重要的现实意义。表6-11报告了以环境规制为门槛变量的门槛效应显著性检验结果，从中可以发现：以工业二氧化硫去除率为门槛变量，在以人均二氧化硫排放量和人均氮氧化物排放量为环境污染变量的模型中存在显著的双重门槛；以时间作为门槛变量，在以人均二氧化碳排放量为环境污染变量的模型中存在显著的单一门槛，并且门槛估计值为2005.5[①]，结

[①]　由于时间变量为整数变量，因此门槛估计值为 2005.5 也等同于是以 2006 年为门槛估计值。

117

合中国的"节能减排"政策的实施情况，中国从 21 世纪初开始逐步推出了严格的"节能减排"政策①，而门槛估计值为 2006.5 则与中国在"十一五"期间提出的节能减排目标是相吻合的；所有的门槛估计值均落入 95% 的置信区间之内。因此，环境规制能够显著改变环境污染对劳动生产率的具体影响。

表 6 - 11　门槛效应显著性检验

	二氧化硫污染		氮氧化物污染		二氧化碳污染	
	门槛估计值	显著性	门槛估计值	显著性	门槛估计值	显著性
单一门槛	0.37	34. 17 *** [0. 00]	0.19	15. 92 *** [0. 01]	2005.5	27. 99 ** [0. 04]
双重门槛	0.19 0.41	16. 91 ** [0. 01]	0.13 0.19	11. 42 *** [0. 00]	2006.5 2010.5	20. 56 [0. 16]
三重门槛	0.13	1. 45 [0. 35]	0.58	6. 74 [0. 14]	2005.5	4. 91 [0. 22]

表 6 - 11 报告了不同环境规制水平下环境污染对劳动生产率的影响。以人均二氧化硫排放量作为环境污染变量，当工业二氧化硫去除率小于 19% 时，环境污染的系数为 - 0.0019，并且在 10% 的水平上显著；当工业二氧化硫去除率介于 19% ~ 41% 之间时，环境污染的系数降低到 - 0.0046，并且在 1% 的水平上显著；当工业二氧化硫去除率大于 41% 时，环境污染对劳动生产率的影响显著为负，并且高于小于 41% 时的情形。以人均氮氧化物排放量作为环境污染变量，当工业二氧化硫去除率小于 13% 时，环境污染对劳动生产率的影响并不显著；当工业二氧化硫去除率介于 13% ~ 19% 之间时，环境污染对劳动生产

---

① 中国于 1999 年出台了《重点用能单位节能管理办法》；于 2000 年实施了《民用建筑节能管理规定》；于 2001 年实施了《夏热冬冷地区居民建筑节能设计标准》；于 2003 年党的十六大中将节能工作作为重要的议题，并举办了"2003 年全国节能宣传周活动"；于 2004 年公布了《能源中长期规划纲要（2004 ~ 2020）》；于"十一五"提出了《节能减排综合性工作方案》，明确提出了到 2010 年万元 GDP 能耗由 2005 年的 1.22 吨标准煤降低 20%，即达到 1 吨标准煤以下等。

率的影响依然不显著；当工业二氧化硫去除率高于19%时，氮氧化物污染对劳动生产率的影响显著为负。以人均二氧化碳排放量作为环境污染变量，在2006年之前其对劳动生产率的影响也不显著，但是在2006年之后其对劳动生产率的影响显著为负。最后，利用环境规制作为门槛变量，当环境规制较为宽松时，环境污染对劳动生产率的负效应较低，甚至是不显著，但是随着环境规制愈加严厉，环境污染对劳动生产率的负效应逐渐增强。

基于考虑环境规制水平的环境污染对劳动生产率的影响结果，当放松环境管制时环境污染并不能带来劳动生产率的显著提高，严格的环境规制下环境污染对劳动生产率有显著的负效应。对于宽松环境规制下的检验结果：当生产单元选择宽松的环境规制措施时，厂商生产的私人成本小于社会成本，环境污染程度增加会带来产出规模的增加，劳动生产率也随之提高；环境污染不会导致生产过程中劳动与资本的配置信息发生改变，但是居民在提供劳动的过程中承担了环境污染的私人成本，却不能获得足够的补偿性工资，所以居民会降低劳动支付意愿，劳动生产率也随之降低；因此在宽松的环境规制下，环境污染对劳动生产率的正效应和负效应会相互抵消。对于在严格环境规制下的检验结果：当生产单元选择严格的环境规制时，厂商支付的私人成本与社会成本相当，环境污染的增加不会改变厂商现有的资本投资和劳动雇佣状况，也即产出水平不会增加，劳动生产率也不会增加；相对于资本要素，劳动要素会受到环境质量恶化的影响，因此劳动者的劳动支付意愿下降，引致劳动生产率下降；因此在严格的环境规制下，环境污染会导致劳动生产率下降（见表6－12）。

表6－12 不同环境规制水平下环境污染对劳动生产率的影响

环境污染变量	二氧化硫污染	氮氧化物污染	二氧化碳污染
环境污染（P1）	− 0.0019 * （0.0010）	− 0.0017 （0.0014）	0.0009 （0.0014）

环境污染变量	二氧化硫污染	氮氧化物污染	二氧化碳污染
环境污染（P2）	− 0.0046 *** （0.0011）	0.0012 （0.0014）	− 0.0034 *** （0.0010）
环境污染（P3）	− 0.0078 *** （0.0012）	− 0.0035 *** （0.0010）	
资本深化	0.1468 *** （0.0046）	0.1489 *** （0.0073）	0.1546 *** （0.0076）
教育	− 0.0075 （0.0097）	− 0.0368 ** （0.0073）	− 0.0314 ** （0.0163）
经济密度	0.4419 *** （0.1102）	0.6331 *** （0.1565）	0.6718 *** （0.1566）
常数项	− 0.0005 *** （0.0805）	0.1304 （0.1323）	0.0353 （0.1312）

表 6 – 13 描述了中国省际单元在 2011 年的环境规制水平下环境污染对劳动生产率的具体影响。在各个省际单元当前的环境规制水平下，环境污染对劳动生产率的影响都表现出显著的负效应，甚至以人均二氧化硫排放量为环境污染变量的估计结果表明大部分省份的负效应是显著增强的。这是因为在环境污染影响劳动生产率的过程中环境规制的阈值水平较低，门槛变量的估计结果表示：在以人均二氧化硫排放量为环境污染变量的模型中，当环境规制变量（工业二氧化硫去除率）超过 41% 时，负效应已经达到最大；在以人均氮氧化物排放量为环境污染变量的模型中，当环境规制变量超过 19% 时，环境污染对劳动生产率的影响已经由正效应变成负效应[①]。基于当前的分析，各个省际单元的最优路径应该选择宽松的环境规制措施以缓和环境污染对劳动生产率的负效应，但是这并不是最优的。严格的环境规制下环境污染引致的劳动生产率下降主要源于环境规制行为并没有改变劳动要素承担更多环境污染成本的特征，环境规制措施更多体现为政府对

---

① 由于在以人均二氧化碳排放量为环境污染变量的模型中，环境规制变量为时间变量，较难判断对应的环境规制水平，因此不予过多讨论。

污染性生产企业的惩罚①，但是并未对承担环境污染成本的劳动供给者给予补偿，所以劳动者的劳动支付意愿受到抑制并降低了劳动生产率。因此本节的估计结果并不表明所有类型的环境规制措施的加强都会导致环境污染对劳动生产率的负效应加剧，相反如果环境规制措施在实施过程中兼顾劳动者承担的环境污染成本，则严格的环境规制措施不会导致劳动生产率的下降。

表6-13　不同环境规制水平下环境污染对劳动生产率的具体影响（2011年）

	人均二氧化硫排放量		人均氮氧化物排放量		人均二氧化碳排放量	
	排放水平	影响效应	排放水平	影响效应	排放水平	影响效应
北京	4.82	负效应（增强+）	13.47	负效应	4.82	负效应
天津	16.95	负效应（增强+）	38.85	负效应	16.95	负效应
河北	19.40	负效应（增强+）	38.89	负效应	19.40	负效应
辽宁	25.56	负效应（增强+）	40.48	负效应	25.56	负效应
上海	10.18	负效应（增强+）	28.33	负效应	10.18	负效应
江苏	13.27	负效应（增强+）	32.25	负效应	13.27	负效应
浙江	12.06	负效应（增强+）	26.02	负效应	12.06	负效应
福建	10.41	负效应（增强+）	22.62	负效应	10.41	负效应
山东	18.87	负效应（增强+）	38.04	负效应	18.87	负效应
广东	8.03	负效应（增强+）	17.60	负效应	8.03	负效应
广西	11.16	负效应（增强+）	14.33	负效应	11.16	负效应
海南	3.69	负效应（增强+）	10.27	负效应	3.69	负效应
山西	38.74	负效应（增强+）	84.24	负效应	38.74	负效应
内蒙古	56.50	负效应（增强+）	127.18	负效应	56.50	负效应
吉林	14.95	负效应（增强）	37.38	负效应	14.95	负效应
黑龙江	13.54	负效应（增强）	32.84	负效应	13.54	负效应
安徽	8.83	负效应（增强+）	22.26	负效应	8.83	负效应

---

① 中国的环境规制措施包括排污许可证制度、"三同时"制度、污染事故应急处理制度、违法企业挂牌督办制度、强制污染"关停并转"、"行政审批限制"、征收排污费等，这些制度多属于政府命令型措施，较少关注与环境污染相关的劳动者权益。

	人均二氧化硫排放量		人均氮氧化物排放量		人均二氧化碳排放量	
	排放水平	影响效应	排放水平	影响效应	排放水平	影响效应
江西	12.95	负效应（增强＋）	14.52	负效应	12.95	负效应
河南	14.52	负效应（增强＋）	27.68	负效应	14.52	负效应
湖北	11.50	负效应（增强＋）	25.75	负效应	11.50	负效应
湖南	10.34	负效应（增强＋）	18.33	负效应	10.34	负效应
重庆	20.00	负效应（增强＋）	22.98	负效应	20.00	负效应
四川	11.15	负效应（增强＋）	13.70	负效应	11.15	负效应
贵州	31.67	负效应（增强＋）	31.78	负效应	31.67	负效应
云南	14.85	负效应（增强＋）	19.43	负效应	14.85	负效应
陕西	24.37	负效应（增强＋）	33.08	负效应	24.37	负效应
甘肃	24.21	负效应（增强＋）	22.97	负效应	24.21	负效应
青海	27.42	负效应（增强）	25.81	负效应	27.42	负效应
宁夏	63.85	负效应（增强＋）	112.62	负效应	63.85	负效应
新疆	34.37	负效应（增强）	41.40	负效应	34.37	负效应

第四节　本章小结

在理论研究（第三章）的基础上，本章运用中国省际单元的经验事实数据对环境污染影响劳动生产率的长期均衡效应和动态效应进行分析，然后基于环境污染规模、经济发展水平和环境规制水平等因素，对环境污染对劳动生产率的影响是否发生转变进行检验，得出如下的研究结果。

（1）基于基准回归模型的检验结果发现环境污染对当期劳动生产率有显著的负效应，并且基于人均二氧化硫排放量、人均氮氧化物排放量和人均二氧化碳排放量等环境污染数据的检验结果是稳健的，从而说明环境污染与劳动生产率之间存在显著的负向关联机制。基准回归结果与杨俊、盛鹏飞（2012）的检验结果略有差异，主要是因为本章的检验过程是从边际的角度来度量劳动生产率的，能够反映要素配置和要素投入变化对劳动生产率的影响，而环境污染对劳动生产率的影响渠道也主要是要素再配置、要素投入和要素质量变化等，所以本书的研究结论是合理的。

（2）在理论研究的基础上，运用面板误差修正方法，本章对环境污染影响劳动生产率的长期效应和短期效应进行检验。检验结果发现环境污染与劳动生产率之间存在显著的协整关系，而且环境污染对劳动生产率的长期均衡影响与基准回归模型的检验结果是一致的，但是环境污染影响劳动生产率的短期效应是不显著的。动态效应的估计结果也表明尽管环境污染对劳动生产率的短期影响是不显著的，但是经济欠发达地区通过放松环境管制来吸引投资促进经济增长的路径是不可取的，这是因为环境污染在长期会显著降低劳动生产率，从而抵消放松环境管制带来的正效应。

（3）理论研究结果表明环境污染对劳动生产率的影响会受到环境污染规模、经济发展水平和环境规制水平等因素的制约，因此本章运用 Hansen（1999）发展的门槛面板模型进行实证检验。检验结果发现环境污染影响劳动生产率的负效应在环境污染规模较低阶段、在经济发展水平较低阶段、在环境规制水平较低阶段等呈现出不显著或处于较低水平等特征。然而检验结果并不支持在环境污染规模较低地区、经济欠发达地区和环境规制强度较低地区等实施或沿用宽松的环境规制政策，这是因为在环境污染规模较低地区，检验结果并未发现环境污染对劳动生产率有显著的正效应，并且宽松的环境规制会促使环境污染规模较低地区转变成环境污染规模较高地区，从长期来看实施宽松的环境规制策略并不可取；在经济欠发达地区，宽松的环境规制策略只能给厂商带来较低的环境污染成本，但不能弥补该地区在人才、科技、基础设施等方面的不足，并不能提高劳动生产率和促进经济增长；严格的环境规制策略尽管会加大环境污染对劳动生产率的负效应，但是其主要原因在于中国当前的环境规制措施是政府指令型和市场惩罚型，并未将关注点放于承担大部分环境污染成本的劳动供给者身上，因此才导致环境污染影响劳动生产率的负效应加强。

第七章　环境污染与中国省际劳动
生产率的趋同

在经济高速发展的背景下，大量的研究关注了中国的劳动生产率的动态演变和劳动生产率的区域间差距。通过对中国三次产业劳动生产率的分析，许垚（2005）发现1990~2002年中国三次产业劳动生产率具备收敛特征；利用中国1979~2002年的全国数据，刘黄金（2006）认为中国三次产业的劳动生产率差异在20世纪90年代之后有进一步扩大的趋势；在对中国38个行业的大中型工业企业的劳动生产率进行研究的基础上，涂正革、肖耿（2006）发现中国工业劳动生产率1996~2002年平均以15.9%的速度增长，但是行业间的差距逐渐拉大；依据巴拉萨－萨缪尔森效应假说，卢锋、刘鎏（2007）发现中国可贸易部门的劳动生产率增长相对较慢；利用D数据包络分析方法，陶洪、戴昌钧（2007）的研究表明中国省际工业劳动生产率在1999年到2005年期间具有明显的增长，并且其改善主要来自技术进步；通过将劳动生产率分解为纯生产率效应、鲍默效应和丹尼森效应，高帆（2007）发现中国的劳动生产率在改革开放之后呈现出明显的上升趋势，并且劳动生产率的增长主要来自各产业内部生产率的提高；利用北京市2004年的经济普查数据，陈良文等（2008）认为北京市内各区域的劳动生产率存在较大的差距；高帆、石磊（2009）的研究则发现中国劳动生产率呈现出东部地区占优的特征，并出现相对发散的现象，而且在1993年之后更为明显；运用中国 2007 年 286 个城市的数据，袁富华（2011）的研究表明中国的城市劳动生产率呈现出自东向西依次递减的趋势，并且在东部地区和西部地区表现出显著的集聚特征。综上所述，已有研究文献采用的劳动生产率指标是一种促劳动生产率指标，测度过程包括资本投资、技术进步等多要素对产出的贡献，并不能准确描述劳动生产率的变化，并且在讨论劳动生产率的区域间差距和收敛过程中忽略了环境因素的影响，因此本书利用第四章提出的边际劳动生产率指标，将环境污染纳入分析框架中讨论中国劳动生产率的区域间差距和收敛问题。

第一节　中国劳动生产率省际差距的动态演化

利用 Kernel 核密度估计方法，图 7-1 报告了中国省际层面的劳动生产率的部分特征和变化，并报告了 1990、1994、1998、2002、2006 和 2011 年的 Kernel 核密度图，其中横轴代表劳动生产率的高低，纵轴表示核密度的大小。从图 7-1 中可以发现：1990 年的核密度分布曲线呈现出典型的单峰分布，并且单峰的核密度值较高，但是对应的劳动生产率比较低，这说明在 1990 年中国省际劳动生产率水平普遍较低，并且区域间差距较小；从 1990 年到 2011 年，核密度曲线逐渐扁平化，核密度峰值从 1990 年的 14 降低到 2011 年的 0.8 左右，同时"单峰分布"也逐渐演变为"双峰分布"，其中左侧单峰的核密度值较高，右侧单峰的核密度值较低，也即中国的省际劳动生产率逐渐呈现出"两极分化"的态势，这意味着中国省际单元的劳动生产率可能存在"俱乐部收敛"的特征。

核密度图只能描述中国省际层面劳动生产率的分布特征，并不能具体描述区域间差距，因此以各个省际单元的劳动投入量（具体以从业劳动数来衡量）为权重，运用基尼系数（Gini）和泰尔系数（Theil），图 7-2 描述了中国劳动生产率的省际层面差距的变化。以 1990~2011

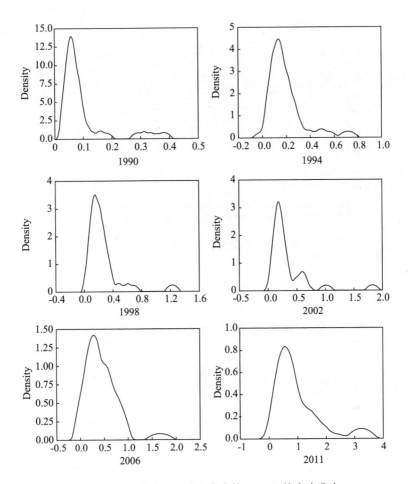

图 7 - 1　中国省际劳动生产率的 Kernel 核密度分布

年的平均值来看，中国省际单元的劳动生产率存在较大的省际差距，其基尼系数和泰尔系数分别为 0.3458 和 0.2229。从时序变化来看，1990 年到 2000 年之间中国劳动生产率的省际差距并没有明显的扩大；而 2000 年到 2005 年之间，其差距则迅速扩大，基尼系数和泰尔系数分别从 0.3191 和 0.2339 增加到 0.4194 和 0.3084；而 2005 年之后，基尼系数和泰尔系数迅速下降，然后在 2008 之后有小幅度的上升。最后，基尼系数和泰尔系数的变化并不能充分说明中国省际劳动生产率是否存在"α 收敛"现象，所以有必要进一步探究其具体的收敛特征。

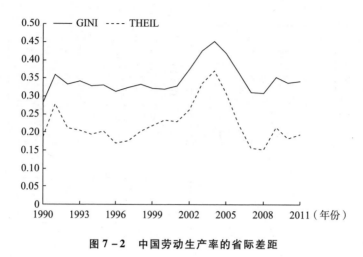

图 7 - 2　中国劳动生产率的省际差距

第二节　中国省际劳动生产率的趋同性分析

(一) 检验模型

利用 Barro 等 (1992) 的方法, 本节建立如下的模型来考察中国省际劳动生产率的收敛性:

$$g_{it,t+T} = \alpha - \left[(1 - e^{-\beta T})/T \right] \cdot \ln(IMPP_{i,t}) + \mu_{it,t+T} \qquad (7-1)$$

其中 $g_{it,t+T} = \ln(IMPP_{i,t}/IMPP_{i,t+T})/T$ 表示在 T 年间隔内第 i 省的劳动生产率的年均增长率, β 为收敛系数, $\mu_{it,t+T}$ 为在 t 到 $t+T$ 时间内误差项所带来的影响。对于时间间隔 T, 正如 Barro 等 (1992) 所言, 随着 T 的增加, 基期水平对增长率的影响逐渐降低, 并且当 T 趋于无穷大时, β 也将趋于零, 在 Barro 等 (1992) 的研究中, 其采用的时间间隔有 "十年间隔"、"四年间隔" 和 "六年间隔" 等, 结合本研究所采用数据的特点, 模型 (7-1) 中的 T 被界定为 7 年。

为了便于求解, 我们可以将收敛模型重写如下:

$$g_{it,t+T} = \alpha + B \cdot \ln(IMPP_{i,t}) + \mu_{it,t+T} \qquad (7-2)$$

其中收敛参数为 $B = -[(1 - e^{-\beta T})/T]$，当 $B > 0$ 时表明不存在绝对收敛，当 $B < 0$ 时表明存在绝对收敛，同时为了刻画不同地区的劳动生产率的变动特征，我们在模型（7-2）中加入东部地区虚拟变量（DB）和中部地区虚拟变量（ZB）。

（二）检验结果

运用模型（7-2），本节采用混合估计、固定效应和随机效应等方法估算了中国省际劳动生产率的收敛性，从中可以发现：基于混合估计、固定效应和随机效应等方法的检验结果是一致的，说明模型检验结果是稳健的；冗余固定效应统计量（LLC）在1%的水平上显著，所以拒绝了不存在固定效应的原假设，即基于混合估计方法的检验结果是有偏的；Hausman统计量（Hausman）在5%的水平上显著，所以拒绝了存在随机效应的原假设，即基于随机效应估计方法的检验结果是有偏的。因此基于固定效应方法的检验结果是最优的，检验结果表明初期劳动生产率的系数显著为负，说明1990~2010年中国省际劳动生产率存在 β 绝对收敛，这与李国璋和魏梅（2007）、高帆和石磊（2009）等的研究结论是一致的。中国省际劳动生产率的收敛性分析（Panel）见表7-1。

表7-1 中国省际劳动生产率的收敛性分析（Panel）

	混合估计	固定效应	随机效应
收敛参数	-0.0272 *** (0.0050)	-0.0642 *** (0.0043)	-0.0444 *** (0.0106)
常数项	0.0376 *** (0.0094)	-0.0267 *** (0.0078)	0.0089 (0.0202)
调定拟合优度	0.1200	0.4605	0.1418
冗余固定 效应检验（LLC）		9.2541 *** [0.0000]	

	混合估计	固定效应	随机效应
Hausman			4.9076 ** [0.0267]

表7-1仅仅分析1990~2011年中国省际劳动生产率的总体收敛性，但是不能反映其收敛过程是否存在区间效应，因此表7-2同样利用模型（7-2），但是采用截面数据来分析不同时期的收敛性特征。在1990~1997年、1992~1999年和1994~2001年三个期间的收敛性分析中，β系数虽然为负，但是并不显著，这说明在此阶段内中国省际劳动生产率并不存在显著的β绝对收敛，这是因为在此阶段中国劳动生产率的增长主要来源于资本深化（彭国华，2005），但是各个省际单元的经济发展水平的较大差异导致资本深化存在较大的省际差距，所以资本深化并没有推动各个地区劳动生产率的趋同效应。在1996~2003年和1998~2005年期间，β系数由负转正，并且在1996~2003年期间是显著的，这说明此阶段内中国劳动生产率有一定的发散迹象，这与李国璋和魏梅（2007）的研究中关于中国劳动生产率差距最大发生在2003年的结论是相符合的。而后在2000~2007年和2002~2011年期间，初期劳动生产率的系数显著为负，也就是说从2000年开始，中国省际劳动生产率才开始有明显的β绝对收敛特征。最后，中国劳动生产率的省际收敛性与市场化进程是分不开的，市场化程度较低抑制了劳动力资源的跨区域配置，从而不利于劳动生产率的省际趋同，结合樊纲（2009）的研究，中国的劳动力流动性在2000年之前一直处于较低的水平，而2000年之后则有了快速的发展，其省际平均值从2000年的2.36增加到2009年的6.00，从而加快了劳动力资源的跨区域流动，并促进了中国省际劳动生产率的趋同。

表7－2　分时期中国省际劳动生产率的收敛性分析（1）①

	基本模型			
	常数项	收敛参数	调定拟合优度	White 异方差检验
1990－1997	0.064 *** (0.006)	－0.073 (0.048)	0.044	0.436 [0.651]
1992－1999	0.042 *** (0.007)	－0.044 (0.038)	0.011	1.518 [0.237]
1994－2001	0.026 *** (0.007)	－0.001 (0.027)	－0.036	3.355 [0.050]
1996－2003	0.005 (0.006)	0.052 ** (0.021)	0.140	0.118 [0.889]
1998－2005	0.022 *** (0.007)	0.008 (0.012)	－0.032	0.506 [0.609]
2000－2007	0.062 *** (0.007)	－0.056 *** (0.012)	0.266	0.339 [0.715]
2002－2009	0.052 *** (0.006)	－0.028 ** (0.011)	0.113	0.138 [0.872]
2004－2011	0.089 *** (0.014)	－0.048 ** (0.022)	0.148	0.890 [0.422]

注：（　）内为系数对应的标准差；［　］内为统计量对应的 P 值；*** 、** 、* 分别表示在 10% 、5% 和 1% 水平上显著。

为了进一步探讨中国省际劳动生产率是否存在地区特征，表7－3在模型（7－2）中加入东部地区（DB）和中部地区（ZB）两个虚拟变量来重新进行估计。计量分析结果显示：不同于表7－2中的结果，1990～1997年和1992～1999年，初期劳动生产率的系数显著为负，这说明在此阶段内中国省际劳动生产率存在显著的β绝对收敛，并且东部地区虚拟变量的系数显著为正，其一方面说明东部地区的劳动生产率明显高于中部地区，同时也意味着此阶段内东部地区的省际劳动生产率的均衡水平将高于中西部地区，也即可能存在"俱乐部收敛"，这得到了高帆、石磊（2009）的研究中关于此阶段中国存在东部地区领先背景下的有限收敛的结论的支持。在 1994～2001 年、1996～2003

---

① 表7－2和表7－3中所有模型均采用 OLS 进行估计，然后利用 White 统计量来检验异方差，对于存在异方差的估计方程采用 White 协方差一致估计量来进行重新估计以保证估计结果的一致性。

年和1998～2005年三个时期内，初期劳动生产率的系数由负转正，并且东部地区虚拟变量不再显著，这说明中国省际劳动生产率在此阶段内并不存在β绝对收敛。从1995年开始，在中国经济发展过程中开始了新一波的重工业化高潮，同时重工业的发展也不再仅仅限于东部地区，在市场化发展和环境规制压力下，新一轮的重工业化发展带动了中西部地区的经济发展，并对中西部地区的劳动生产率产生较强的推动力，从而导致东部地区虚拟变量不再显著，然而由于重工业发展的区域内差异性，其发展并没有推动不同地区劳动生产率的收敛。在2000年之后，与表7-2的结果一致，各个时期的回归模型中初期劳动生产率的系数均显著为负，即中国省际单元的劳动生产率存在明显的β绝对收敛，并且东部地区不再领先，这主要得益于中国市场化程度的整体提高带来的劳动力资源的跨区域流动。

表7-3 分时期中国省际劳动生产率的收敛性分析（2）

年份	常数项	收敛参数	东部地区	中部地区	调定拟合优度	White异方差检验
1990～1997	0.059 *** (0.006)	-0.150 *** (0.041)	0.032 *** (0.008)	-0.001 (0.008)	0.428	2.561 [0.048]
1992～1999	0.038 *** (0.0088)	-0.0835 ** (0.0403)	0.0231 ** (0.011)	0.004 (0.0108)	0.109	1.288 [0.302]
1994～2001	0.018 ** (0.007)	0.007 (0.0376)	0.004 (0.010)	0.016 (0.010)	-0.012	4.342 [0.005]
1996～2003	0.003 (0.006)	0.057 ** (0.027)	-0.001 (0.011)	0.004 (0.010)	0.082	0.728 [0.632]
1998～2005	0.019 ** (0.009)	0.008 (0.0170)	0.003 (0.015)	0.007 (0.015)	-0.102	0.741 [0.622]
2000～2007	0.055 *** (0.006)	-0.071 *** (0.020)	0.023 * (0.014)	0.004 (0.008)	0.323	1.706 [0.165]
2002～2009	0.041 *** (0.007)	-0.032 ** (0.013)	0.016 (0.010)	0.020 (0.013)	0.159	0.611 [0.720]
2004～2011	0.080 *** (0.008)	-0.061 * (0.036)	0.028 (0.028)	0.009 (0.008)	0.141	2.165 [0.084]

第三节　环境污染约束下中国省际劳动
生产率的趋同性检验

(一) 模型设定

环境污染与劳动生产率的内在关联在于：环境库兹涅茨假说 (EKC) 认为随着经济发展水平的增长，环境污染物的排放量会呈现出先增加后降低的变化趋势 (Grossman and Krueger, 1991, 1995)；Zivin 和 Neidell (2012) 认为环境污染也可以在不影响劳动供给的前提下对劳动生产率产生重要的影响，并且其研究也得到了相应的实证研究的支持 (杨俊、盛鹏飞, 2012; Graffzivin and Neidell, 2012)；相关研究已证明环境污染会显著损害居民的健康人力资本，而且 Grossman (1984) 认为健康人力资本下降会对劳动供给水平产生影响 (Yang et al., 2013)，从而对劳动生产率产生影响；D'Arge (1972) 认为环境污染可以被认为生产过程中的一项重要投入要素，本书第四章的理论研究和第六章的实证检验也表明环境污染是影响劳动生产率的重要因素。因此环境污染与生产单元的劳动生产率的趋同性紧密相关。基于新古典增长理论的收敛假说主要依据资本的边际产出递减规律 (Barro et al., 1992)，因而较少考虑环境污染等外部冲击因素对不同经济体的经济趋同特征。然而基于 Barro 等 (1992) 提出的收敛验证模型的事实检验结果却不尽一致，前文的研究证实环境污染是影响劳动生产率的重要因素，因此有必要考察其对不同经济体趋同特征的影响。

为了将环境污染引入劳动生产率的收敛模型，本节借鉴 Capozza 等 (2002) 的思路。Capozza 等 (2002) 在 Abaraham 和 Hendershot (1996) 提出的房地产价格波动模型的基础上构建了外部冲击对房地产价格收敛性的影响。Abaraham 和 Hendershot (1996) 将房地产价格的变化（$DP_{i,t}$）表示为前期价格变化（$DP_{i,t-1}$）、前期价格与市场均衡价格之差（$P_{t-1} - PE_{i,t-1}$）和市场均衡价格变化（DP）的函数。

$$DP_{i,t} = C + \alpha_0 DP_{i,t-1} + \beta_0 (P_{t-1} - PE_{i,t-1}) + \gamma_0 DP_t + \varepsilon_{i,t} \qquad (7-3)$$

其中 α_0 为自相关系数，当 $\alpha_0 < 0$ 时，由于价格前期的变化会导致其偏离均衡价格的速度降低；β_0 为收敛系数，当 $0 < \beta_0 < 1$ 时，由于前期价格偏离均衡价格，生产单元的决策行为会导致当期价格趋向于均衡价格；γ_0 为反应系数，即价格在面对外部冲击时的反应程度，$0 < \gamma_0 < 1$ 表示由于市场不是一个完全有效的市场，因此生产单元决策行为的调整并不能完全反映市场的变化。

在模型（7-3）的基础上，Capozza 等（2002）提出了如下的外部冲击对房地产价格收敛性影响的模型：

$$DP_{i,t} = C + \alpha_0 DP_{i,t-1} + \beta_0 (P_{t-1} - P_{i,t-1}) + \gamma_0 DE_t + \sum_{I=1}^{N} \alpha_I (XI_{i,t} - XI_t) DP_{i,t-1}$$

$$+ \sum_{I=1}^{N} \beta_I (XI_{i,t} - XI_t)(P_{t-1} - P_{i,t-1}) + \varepsilon_{i,t} \qquad (7-4)$$

其中 XI 为外部冲击因素，α_I 和 β_I 为外部冲击对收敛性的影响，当 $\alpha_I < 0$ 时，外部冲击因素高于其平均值时能够降低价格偏离均衡价格的速度，而当 $\beta_I > 0$ 时，外部冲击因素高于其平均值时可以促使价格趋向均衡价格，从而提高收敛的速度。

基于 Barro 等（1992）的收敛模型（7-2），结合 Capozza 等（2002）提出的外部冲击因素影响收敛性的模型（7-4），本节建立如下的环境污染（环境规制）影响劳动生产率收敛的模型。

$$g_{it,t+T} = \alpha + B \cdot \ln(IMPP_{i,t}) + \sum_{I=1}^{N} \kappa (P_{i,tT} - P_{t,t+T}) \ln(IMPP_{i,t}) + \mu_{it,t+T}$$

$$(7-5)$$

其中 $P_{i,tT}$ 为第 i 个地区的环境污染在 t 到 t + T 期之间的平均值，$P_{t,t+T}$ 为所有地区的环境污染在 t 到 $t + T$ 期之间的平均值，而（$P_{i,tT}$ —

$P_{t,t+T}$）则表示第 i 个地区的环境污染在 t 到 $t+T$ 期之间高于均衡环境污染（环境规制）的水平，κ 为地区环境污染差距对劳动生产率收敛性的影响，当 $\kappa < 0$ 时，表明当一个地区的环境污染水平高于均衡水平时将会提高劳动生产率的收敛速度。

尽管模型（7－5）可以在一定程度上反映环境污染差距对地区劳动生产率收敛性的影响，但是交叉项的引入导致解释变量组之间存在较强的多重共线性问题，所以计量估计结果的有效性降低。因此借鉴 Hansen（1999）发展的面板门槛模型，在模型（7－5）的基础上，本书构建如下的环境污染差距影响劳动生产率收敛性的计量分析模型（以单一门槛模型为例）。

$$g_{it,t+T} = \alpha + B_1 \cdot \ln(IMPP_{i,t})(if \ (P_{i,tT} - P_{t,t+T}) < A)$$
$$+ B_2 \cdot \ln(IMPP_{i,t})(if \ (P_{i,tT} - P_{t,t+T}) \geq A) + \mu_{it,t+T} + \delta_i$$
$$(7-6)$$

其中 A 为环境污染（环境规制）差距的门槛估计值，δ_i 为不可观测因素，$\mu_{it,t+T}$ 为随机误差项，B_1 表示在环境污染（环境规制）差距[①]小于 A 时环境污染对劳动生产率的影响，B_2 表示在环境污染（环境规制）差距大于 A 时环境污染对劳动生产率的影响。

（二）中国环境污染的省际差距

利用变异系数指标，图 7－3 报告了人均二氧化硫排放量、人均氮氧化物排放量和人均二氧化碳排放量等三种污染物的省际差异。中国省际环境污染存在较大的地区间差距：在 1995 年，人均二氧化硫排放量的变异系数为 0.6134，人均氮氧化物排放量的变异系数为 0.6600，人均二氧化碳排放量的变异系数为 0.6311；具体来看，1995 年度人均二

---

① 此处的环境污染（环境规制）差距用当年 i 单元的环境污染水平（环境规制水平）与当年所有单元的环境污染（环境规制）的平均水平之比来衡量。

氧化硫排放量最高的宁夏（44.83 千克/人）是最低的海南（2.76 千克/

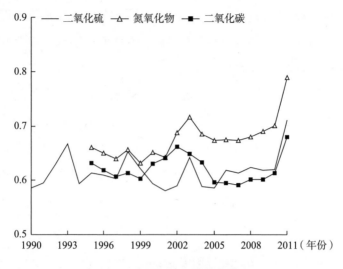

图 7－3　中国环境污染的省际差距

人）的 16.24 倍，1995 年度人均氮氧化物排放量最高的山西（44.12 千克/人）是最低的海南（2.48 千克/人）的 17.73 倍，1995 年度人均二氧化碳排放量最高的山西（9.26 吨/人）是最低的海南（0.77 吨/人）的 12.02 倍，到 2011 年对应的差距则分别转变为 17.29 倍、12.22 倍和 4.56 倍，依然处于较高水平。从时序变化来看，1995～2007 年，环境污染的变异系数并没有明显增加[①]，但是从 2007 年开始，省际环境污染的变异系数逐渐变大[②]，省际环境污染的差距不断拉大。中国省际单元的环境污染水平存在较大差异主要有三个方面的原因：其一，已有文献表明中国现阶段依然处于环境库兹涅茨曲线的左半段，环境污染水平与经济发展水平呈现显著的正向相关关系，省际单元之间经

[①] 由于采用变异系数来描述样本组内个体之间差异会受到平均值水平的影响，因此变异系数在 1995～2007 年期间没有显著的增加并不能证实中国省际单元的环境污染差距没有发生明显变化，结合第五章的描述可以发现此阶段内各个省际单元的人均二氧化硫排放量、人均氮氧化物排放量和人均二氧化碳排放量都在增加，也即环境污染的平均值水平在上升。

[②] 第五章的描述表明人均二氧化硫排放量的平均值水平在 2007 年后逐年降低，人均氮氧化物排放量和人均二氧化碳排放量的增长速度则明显下降。所以此阶段内三个指标的变异系数的上升意味着中国省际单元环境污染差距持续扩大。

济发展水平的差异导致环境污染水平的差距；其二，处于不同经济发展水平的省份对环境污染的关注程度存在差异，经济发展水平较低的省份更关注经济增长而忽略了环境质量，相对宽松的环境规制措施吸引了大量污染性产业的涌入，从而导致经济发展水平较低的省份的环境污染水平较高；其三，从数据特征来看，中国省际单元的环境污染水平存在较大差异有助于我们来研究不同的环境污染水平是否抑制了不同生产单元的劳动生产率趋同，并且为当前阶段经济发展水平较低地区是否采取严格的环境规制政策提供经验证据。

在关注环境污染水平的省际差异的同时，我们也关注了环境规制的省际差距，运用工业二氧化硫去除率作为环境规制变量，图7－4用其变异系数报告了中国环境规制的省际差距。中国环境规制存在较大的省际差距，在2011年工业二氧化硫去除率的变异系数为0.2189，其中表现最佳的甘肃（80%）是表现最差的新疆（27%）的2.96倍。从动态变化来看，工业二氧化硫去除率的变异系数在1990～2000年期间并没有明显的变化，均在0.66以上，明显高于同期环境污染的省际差距；然而，从2002年开始，工业二氧化硫去除率的变异系数逐渐下降，说明中国环境规制的省际差距不断缩小，到2011年，其变异系数

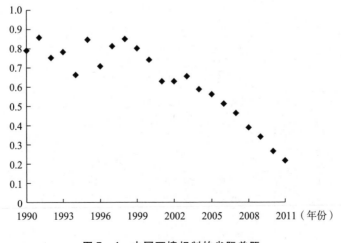

图7－4　中国环境规制的省际差距

下降到 0.2189，相对于同期逐年上升的环境污染的省际差距，环境规制的省际差距得到了极大的改善。从 1990 年到 2011 年，中国省际单元平均意义上的工业二氧化硫去除率持续提高，这意味着中国的环境规制水平在上升，与此同时变异系数的显著下降也表明中国的环境规制策略逐渐与区域经济发展水平脱钩，在关注经济增长的同时也在关注环境质量，最后中国环境规制的省际差距的显著变化从数据特征上也有助于我们来验证环境规制的差异性是否会对省际单元之间的劳动生产率趋同现象产生影响。

（三）基于环境污染差距的中国省际劳动生产率趋同性检验

本节首先讨论了在不同环境污染差距下中国省际单元的劳动生产率趋同特征是否发生变化。表 7-4 报告了分别以三种环境污染物作为环境污染变量时，模型（7-6）的门槛效应显著性检验：以人均二氧化硫排放量的省际差距为门槛变量，模型中存在三重门槛效应，并且在 10% 的水平上显著；以人均氮氧化物排放量的省际差距为门槛变量，模型中存在双重门槛效应，并且在 5% 的水平上显著；以人均二氧化碳排放量的省际差距为门槛变量，模型中存在显著的单一门槛效应，并且在 5% 的水平上显著。因此门槛显著性检验证实环境污染对中国省际单元劳动生产率趋同的影响会受到环境污染差距的影响。

表 7-4　门槛显著性检验

	人均二氧化硫排放量		人均氮氧化物排放量		人均二氧化碳排放量	
	门槛估计值	显著性检验	门槛估计值	显著性检验	门槛估计值	显著性检验
单一门槛	0.557	24.019 * [0.080]	0.605	22.019 * [0.053]	0.491	17.225 ** [0.050]
双重门槛	0.557 1.224	36.684 *** [0.005]	0.508 0.599	11.158 ** [0.030]	0.491 1.071	11.519 [0.377]
三重门槛	1.701	9.063 * [0.060]	1.480	16.743 [0.197]	0.658	5.904 [0.127]

表 7－5 报告了在不同环境污染差距下中国省际劳动生产率的收敛性分析结果。以人均二氧化硫排放量为环境污染变量：当人均二氧化硫排放量与所有省际单元的平均水平的比值小于 0.557 时，收敛参数显著为负；当比值介于 0.557 和 1.224 之间时，收敛参数由 － 0.0664 降低到 － 0.0998，并且在 1% 的水平上显著，说明劳动生产率的收敛性有所增强；当比值提高到 1.224 和 1.701 之间时，收敛参数增加到 － 0.0491，并且在 1% 的水平上显著；当比值增加到 1.701 以上时，劳动生产率的收敛性明显下降，收敛参数进一步增加到 － 0.0197，并且在 10% 的水平上显著。以人均氮氧化物排放量为环境污染变量，当人均氮氧化物排放量与所有省际单元的平均水平的比值低于 0.508 时，收敛参数为 － 0.0869，而且在 1% 的水平上显著；当比值介于 0.508 和 0.599 之间时，劳动生产率的收敛性明显增强，收敛参数降低到 － 0.1445，并且在 1% 的水平上显著；当比值增加到 0.599 以上时，劳动生产率的收敛性则有所降低，收敛参数增加到 － 0.0847，并且在 1% 的水平上显著。以人均二氧化碳排放量为环境污染变量：当人均二氧化碳排放量与所有省际单元的平均水平的比值低于 0.491 时，收敛参数为 － 0.0531，并且在 1% 的水平上显著；而当二氧化碳排放量显著增加时，劳动生产率的收敛性有所增强，收敛参数降低到 － 0.1050，并且在 1% 的水平上显著。

表 7－5　不同环境污染差距下中国省际劳动生产率的收敛性分析

	人均二氧化硫排放量	人均氮氧化物排放量	人均二氧化碳排放量
收敛参数（MP1）	－ 0.0664 *** （0.0069）	－ 0.0869 *** （0.0176）	－ 0.0531 *** （0.0166）
收敛参数（MP2）	－ 0.0998 *** （0.0073）	－ 0.1445 *** （0.0148）	－ 0.1050 *** （0.0120）
收敛参数（MP3）	－ 0.0491 *** （0.0096）	－ 0.0847 *** （0.0127）	
收敛参数（MP4）	－ 0.0197 * （0.01222）		

	人均二氧化硫排放量	人均氮氧化物排放量	人均二氧化碳排放量
常数项	− 0.0441 *** （0.0115）	− 0.0585 *** （0.0188）	− 0.0611 *** （0.0193）
Sigma_u	0.070	0.069	0.062
Sigma_e	0.063	0.068	0.070

注：MP1 为小于第一个门槛估计值时的收敛系数；MP2 为介于第一个门槛和第二个门槛之间时的收敛系数；MP3 为介于第二个门槛和第三个门槛之间时的收敛系数；MP4 为大于第三个门槛时的收敛系数。

本节采用的环境污染差距实际上是一个相对指标，也可以理解为以所有省际单元的平均水平来衡量单个单元的环境污染水平，这种衡量有利于在一个参考系统内来考虑作为外部冲击变量的环境污染对劳动生产率趋同的影响。以人均二氧化硫排放量和人均氮氧化物排放量为环境污染变量：当单个省际单元的环境污染水平相对于整体平均水平较低时，其劳动生产率的收敛速度较低；当单个省际单元的环境污染水平相对于整体平均水平的差距拉大时，其劳动生产率的收敛速度提高；当单个省际单元的环境污染水平相对于整体平均水平的差距增加到临界点时，其劳动生产率的收敛速度降低，即劳动生产率的收敛速度随着单个省际单元的环境污染水平相对于整体平均水平的距离的增加而呈现出先增加后降低的倒"U"形转变。与以人均二氧化硫排放量和人均氮氧化物排放量作为环境污染变量的检验结果有所不同，在以人均二氧化碳排放量为环境污染变量的检验结果中并未发现单个省际单元的人均二氧化碳排放水平相对于整体平均水平的差距增加会导致劳动生产率收敛速度降低的现象，这主要是因为二氧化碳污染与劳动供给者的健康水平的关联程度较低，这种类型的环境污染主要以负外部性的特征来影响厂商的生产成本信息，但是这种检验结果也与检验所采用的数据集较短是相关的。结合中国当前的经济发展特征，处于中西部地区的省际单元由于经济发展水平较低，采用的环境规制政策相对于东部地区省际单元要宽松，但是这并不能促进中西部地区省际单元劳动生产率的收敛速度加快，甚至其较高的环境污染水平会降低其收敛速度，因此环境污染水平过高并不利于中西部地区的经济发展水平赶上东部地区。

在实证检验的基础上，表 7-6 基于 2011 年中国各个省际单元环境污染的相对差距估算了对应的劳动生产率收敛速度。以人均二氧化硫排放量和人均氮氧化物排放量为例，污染水平明显高于整体平均水平的山西、内蒙古、陕西、甘肃、青海和新疆等省际单元的收敛速度明显偏低，并且这些省份都处于经济欠发达的中西部地区。由于这些省际单元的经济发展水平较低，因此促进经济增长成为政府、居民和企业等关注的焦点，环境规制政策相对宽松，并且在近年来通过吸引外商直接投资、承接东部地区产业转移等策略来推动地区经济增长。然而相关政策对经济的推动作用更多依赖于自然资源的消耗，并未带动区域内的全要素增长，导致环境持续恶化，并未改善这些省际单元相对于东部省份的经济差距。北京、福建、广东和海南等省际单元的环境污染水平相对于整体平均水平明显偏低，因此其劳动生产率的收敛速度也相对较低。这些省际单元都处于东部地区，经济发展水平相对较高，较低的环境污染水平对其收敛速度的影响并不明显；这些省际单元拥有较低的环境污染水平也并不只是劣势，良好的自然环境有助于这些地区吸引高质量的人才和熟练劳动者，从而弥补了低环境污染水平对劳动生产率的不利影响；与环境污染相对严重的中西部地区的省际单元相比，这些省份的劳动生产率的收敛速度并不低，也即检验结果表明承受严重环境污染和承受较低环境污染的省际单元的劳动生产率的收敛速度不存在显著差异。最后，环境污染并不能促进经济欠发达地区实现对经济发达地区的赶超，实施合理的环境规制措施有助于提高其劳动生产率的赶超速度。

表7-6 不同环境污染差距下中国省际单元劳动生产率的趋同效应（2011年）

	人均二氧化硫排放量		人均氮氧化物排放量		人均二氧化碳排放量	
	相对差距	收敛速度	相对差距	收敛速度	相对差距	收敛速度
北京	0.25	低速度	0.39	低速度	0.25	低速度
天津	0.86	高速度	1.13	低速度	0.86	高速度
河北	0.99	高速度	1.13	低速度	0.99	高速度
辽宁	1.30	低速度	1.17	低速度	1.30	高速度
上海	0.52	低速度	0.82	低速度	0.52	高速度
江苏	0.68	高速度	0.93	低速度	0.68	高速度
浙江	0.62	高速度	0.75	低速度	0.62	高速度
福建	0.53	低速度	0.66	低速度	0.53	高速度
山东	0.96	高速度	1.10	低速度	0.96	高速度
广东	0.41	低速度	0.51	高速度	0.41	低速度
广西	0.57	高速度	0.42	低速度	0.57	高速度
海南	0.19	低速度	0.30	低速度	0.19	低速度
山西	1.98	最低速度	2.44	低速度	1.98	高速度
内蒙古	2.88	最低速度	3.69	低速度	2.88	高速度
吉林	0.76	高速度	1.08	低速度	0.76	高速度
黑龙江	0.69	高速度	0.95	低速度	0.69	高速度
安徽	0.45	低速度	0.65	低速度	0.45	低速度
江西	0.66	高速度	0.42	低速度	0.66	高速度
河南	0.74	高速度	0.80	低速度	0.74	高速度
湖北	0.59	高速度	0.75	低速度	0.59	高速度
湖南	0.53	低速度	0.53	高速度	0.53	高速度
重庆	1.02	高速度	0.67	低速度	1.02	高速度
四川	0.57	高速度	0.40	低速度	0.57	高速度
贵州	1.62	低速度	0.92	低速度	1.62	高速度
云南	0.76	高速度	0.56	高速度	0.76	高速度
陕西	1.24	低速度	0.96	低速度	1.24	高速度
甘肃	1.23	低速度	0.67	低速度	1.23	高速度
青海	1.40	低速度	0.75	低速度	1.40	高速度
宁夏	3.26	最低速度	3.26	低速度	3.26	高速度
新疆	1.75	最低速度	1.20	低速度	1.75	高速度

（四）基于环境规制差距的中国省际劳动生产率趋同性检验

利用工业二氧化硫去除率作为环境规制变量，本节讨论了在不同环境规制水平下，中国省际劳动生产率的收敛速度是否会发生变化。表7-7报告了模型的门槛效应显著性检验，从中可以发现模型存在双重门槛效应，并且在1%的水平下显著，但是其三重门槛效应并不显著。从图7-5中我们可以清晰地发现双重门槛的门槛估计值均在95%的显著性水平线之下，这说明不仅门槛效应是显著的，而且门槛参数的估计值也在置信区间之内。

表7-7　门槛效应显著性检验

	门槛估计值	显著性检验
单一门槛	0.795	42.501 *** ［0.007］
双重门槛	0.964 1.986	47.244 *** ［0.000］
三重门槛	1.256	18.979 ［0.103］

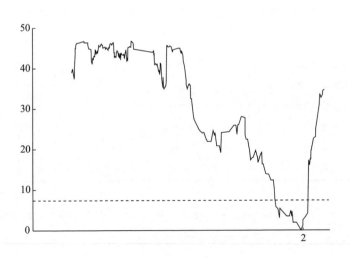

图7-5　门槛参数估计值与置信区间

以工业二氧化硫去除率作为环境规制变量，表7－8报告了在不同环境规制水平下中国省际劳动生产率的收敛性。当单个省际单元的工业二氧化硫去除率与整体平均水平的比值低于0.964时，收敛参数为－0.0641，并且在1%的水平上显著；随着地区工业二氧化硫去除率相对于平均水平的提高，劳动生产率的收敛速度提高，收敛参数降低到－0.1136，并且在1%的水平上显著；当单个省际单元的工业二氧化硫去除率与整体平均水平的比值高于1.986时，劳动生产率的收敛速度下降，β系数增加到－0.0731，并且在1%的水平上显著。

最后，与环境污染差距对劳动生产率收敛性的影响一致，尽管地区放松环境管制可以通过引进污染型产业来获得新的发展机会（"污染天堂"假说），但是其劳动生产率相对于均衡水平的收敛速度反而会出现减速的效应。然而，当一个地区提高环境规制强度时，其相对于均衡水平的收敛速度反而会提高，因此对于劳动生产率较低的地区，成为"污染天堂"并不能对其劳动生产率赶超发达地区起到预期的推动效用。

表7－8 不同环境规制水平下中国省际劳动生产率的收敛性

	系数	标准差
收敛参数（MP1）	－0.0641 ***	0.0065
收敛参数（MP2）	－0.1136 ***	0.0078
收敛参数（MP3）	－0.0731 ***	0.0077
常数项	－0.0536 ***	0.0113
Sigma_u	0.066	0.066
Sigma_e	0.061	0.061

基于表7－8的检验结果，表7－9报告了单个省际单元在2011年的环境规制差距下劳动生产率的收敛速度。辽宁、吉林、黑龙江、青海和新疆等省际单元的劳动生产率的收敛速度处于较低水平，这些省份的环境规制水平相对整体平均水平较为宽松；其他大部分省份的劳

动生产率的收敛速度都处于较高水平，这是因为到 2011 年省际层面的环境规制差距正在迅速缩小；环境规制水平高于整体平均水平导致劳动生产率收敛速度下降的阈值效应为 1.986，即只有当单个省际单元的环境规制强度是整体平均水平的 1.986 倍时才会导致其劳动生产率收敛速度下降。最后，无论是经济发达省份还是经济欠发达省份，放松环境管制都不是加快其劳动生产率收敛速度的最佳路径，这种效应在整体环境规制水平提高时更为明显。

表 7-9 不同环境规制差距下中国省际单元劳动生产率的趋同效应（2011 年）

省际单元	环境规制差距	收敛速度	省际单元	环境规制差距	收敛速度
北京	1.15	高速度	黑龙江	0.43	低速度
天津	0.99	高速度	安徽	1.26	高速度
河北	1.01	高速度	江西	1.19	高速度
辽宁	0.84	低速度	河南	1.03	高速度
上海	0.98	高速度	湖北	1.09	高速度
江苏	1.06	高速度	湖南	1.06	高速度
浙江	1.15	高速度	重庆	1.06	高速度
福建	0.96	低速度	四川	0.93	低速度
山东	1.16	高速度	贵州	1.06	高速度
广东	1.04	高速度	云南	1.14	高速度
广西	1.20	高速度	陕西	0.99	高速度
海南	1.12	高速度	甘肃	1.28	高速度
山西	0.97	高速度	青海	0.61	低速度
内蒙古	1.13	高速度	宁夏	1.09	高速度
吉林	0.58	低速度	新疆	0.43	低速度

第四节 本章小结

通过对中国劳动生产率的省际差距的动态演进进行分析，本书发现中国劳动生产率存在较大的省际差距，并且其差距在 2000 年之前并没有明显的变化，而 2000～2005 年期间有逐年扩大的趋势，在 2008 年之后则有显著的下降。结合中国环境污染和环境规制的省际差距，运用 Barro 等（1992）提出的收敛模型和 Capozza 等（2002）构建的外部冲击因素影响收敛性的计量模型，本章运用面板计量模型、截面计量模型和门槛面板模型来讨论中国劳动生产率的省际收敛性及环境污染和环境规制对收敛速度的影响。

基于 Barro 等（1992）提出的收敛模型，本章发现中国劳动生产率存在显著的收敛性，但是其收敛过程存在明显的区间效应。在 2000 年之前，中国劳动生产率并不存在显著的收敛特征，而更多地表现为在东部地区领先背景下的有限收敛。在 2000 年之后，东部地区的劳动生产率的领先现象不再明显，中国省际劳动生产率具备显著的收敛性。

结合 Barro 等（1992）和 Capozza 等（2002）的观点，运用 Hansen（1999）发展的门槛面板模型，本章考察了环境污染和环境规制的省际差距对劳动生产率的省际收敛性的影响。计量结果表明：当地区环境污染水平明显高于或者低于平均水平时，劳动生产率的收敛速度是较低的，而只有在环境污染水平与平均水平的差距较小时，劳动生产率的收敛速度才是最佳的；当地区放松环境管制时，劳动生产率的收敛速度将会降低，并且严格的环境规制措施也将降低劳动生产率的收敛速度，即环境规制强度与劳动生产率的收敛速度之间存在显著的倒"U"形关系，但是环境规制强度引致劳动生产率速度下降的阈值效应较高，因此提高环境规制强度是促进单个省份劳动生产率趋向均衡水平的最佳路径。

最后，本章的研究结论表明尽管经典的 Barro 等（1992）的收敛性模型显示中国省际劳动生产率存在显著的收敛特征，但是收敛过程并不会自动实现，而是会受到外部因素的影响。环境污染和环境规制是影响劳动生产率收敛的重要因素，宽松的环境规制和较高的环境污染水平对地区劳动生产率的收敛活动并没有正效应，反而会减弱单个省际单元的劳动生产率的收敛速度，因此采取合理的环境规制措施对于欠发达地区赶超经济发达地区是必要的。

第八章　结论与展望

《寂静的春天》迫使人们开始重新审视在经济发展过程中产生的环境问题，"增长的极限"则意味着环境污染与经济发展之间的矛盾是不可调和的，而"环境库兹涅茨曲线"的转折点使人们看到经济与环境协调发展的美好愿景，但是优雅的倒"U"形转折并不会自动到来，从而让经济发展与环境发展之间的问题变得扑朔迷离。因此本书在内生经济增长理论的基础上，利用人力资本和环境经济学的相关假设来梳理劳动生产率与环境污染之间的关系，然后构建计量经济模型对中国 1990～2011 年的省际面板数据进行实证研究，并讨论中国省际劳动生产率的收敛现象和环境因素对收敛性的影响，最后在理论分析和实证研究的基础上为环境规制政策、经济发展转型和经济可持续发展提出对应的政策建议。

第一节　主要结论

"没有不冒烟的火"，Fare 等（2007）形象地描述了经济发展与环境污染之间的相互依存关系，但是已有研究则普遍将环境污染视为经济发展的副产品，认为环境污染对社会福利是有害的，通过实现环境污染与经济发展均衡来达到社会福利的帕累托最优。然而环境污染并不仅仅是经济发展的副产品，其与经济发展是内生关联的，因此本书在内生经济增长理论和环境库兹涅茨假说的基础上构建局部均衡分析模型来研究环境污染对劳动生产率的影响。研究发现环境污染对劳动生产率有明显的影响，并且其影响主要通过改变要素的边际成本和健康人力资本等两个渠道来实现，同时环境污染影响劳动生产率的总效应也会受到地区经济发展水平、环境污染规模和环境规制水平等因素的影响。

在理论分析的基础上，运用面板误差修正模型、门槛面板计量模型等研究方法来构建环境污染影响劳动生产率的实证分析模型。针对实证分析过程中一个重要的问题，即传统的劳动生产率指标是一个粗劳动生产率指标，并不能区分其他要素对产出的贡献，本书在产出距离函数的基础上来构建边际劳动生产率测度框架，运用数据包络分析方法来求解中国省际单元的边际劳动生产率。测度结果表明中国劳动生产率处于较低的水平，处于东部地区的省际单元的劳动生产率明显高于中西部地区，并且效率损失也是导致中国劳动生产率水平较低的重要原因。基于边际劳动生产率指标，本书从多个层面研究了环境污染对劳动生产率的具体影响。第一，基准回归分析表明环境污染对当期劳动生产率有显著的负效应，并且基于三种环境污染物的计量结果是稳健的。第二，运用面板误差修正模型，计量结果进一步显示环境污染的短期波动对劳动生产率的影响并不显著，但是对劳动生产率的长期影响显著为负。第三，利用门槛面板模型，本书讨论了在不同环境污染规模、经济发展水平和环境规制水平下，环境污染对劳动生产率的影响是否存在区间效应，研究发现，随着环境污染规模的增加，环境污染对劳动生产率的负效应逐渐加强；在较高经济发展水平下，环境污染对劳动生产率的负影响将会增强；在环境规制较为宽松时，环境污染对劳动生产率的影响并不显著，但是随着环境规制愈加严厉，环境污染的负效应也将增强。第四，由于实证研究结论表明环境污染是影响劳动生产率的显著因素，因此本书进一步讨论了环境污染对地区经济赶超行为的冲击，在 Barro 等（1992）和 Capozza 等（2002）的研究基础上构建了环境污染影响地区劳动生产率的收敛模型。研究表明当地区环境污染水平明显高于或者低于平均水平时，劳动生产率的收敛速度是较低的，而只有在环境污染水平与平均水平的差距较小时，劳动生产率的收敛速度才是最佳的；当地区放松环境管制时，劳动生产率的收敛速度将会降低，并且严格的环境规制措施也将降低劳动生产率的收敛速度，即环境规制强度与劳动生产率的收敛速度之间存在显著的倒"U"形关系。

第二节　政策建议

本书探讨了环境污染对劳动生产率的影响，分析了环境污染作为外部因素时对中国劳动生产率收敛性的影响，并且基于多种环境污染物的计量分析结果是稳健的，因此可以为地区环境治理和经济发展等政策的制定提供一定的理论基础和实证依据。

1. 环境规制政策应考虑环境污染对劳动生产率的影响

经典的环境规制政策是在完全竞争市场条件下，通过采用庇古税或者补贴的方式将环境污染对受害者造成的边际损害纳入污染者的私人成本，实现污染者的私人成本与社会成本达到帕累托最优状态。然而，在以往的研究中，环境污染对劳动生产率的影响并没有得到应有的重视，环境规制政策的制定并没有考虑环境污染对劳动生产率的影响，从而使得污染者的私人成本依然低于社会成本。与此同时，从生产论出发，环境污染造成的劳动生产率的下降也是厂商收益的损失，因此将环境污染对劳动生产率的负效应考虑到环境规制政策制定中将不仅仅是对厂商污染行为的惩罚，环境污染得到改善之后劳动生产率提高也将成为厂商的额外报酬，所以将环境污染对劳动生产率的负效应纳入环境规制政策中对厂商和社会来讲是"双赢"的过程。

2. 环境规制政策应讲究公平问题

由于各个省份环境治理投入的资源不同，中国各个地区的环境规制政策存在较大的差别，以 2011 年重金属排放达标的重点企业数占应开展监测的重金属污染防控重点企业数为例：东部地区和中部地区的达标率分别为 88.35% 和 91.76%，而西部地区的达标率则仅为 57.18%；达标率排名前五位的省份的达标率均为 100%，达标率排名后五位的省份的平均达标率则仅为 47.85%（见图 8 – 1）。环境规制的地区间差距是与地区经济发展水平、产业结构和地理条件等密切相关的，并且相对宽松的环境规制强度可以减少企业的环境成本，从而有利于经济欠发达地区引进外来投资来促进地区经济发展。然而，基于本书的结论，环境污染对地区劳动生产率的影响显著为负，因此放松环境管制带来的外来投资将仅仅依赖于地区环境资源的消耗，但是无助于劳动生产率的提高，而且低的劳动生产率也会降低劳动报酬在总

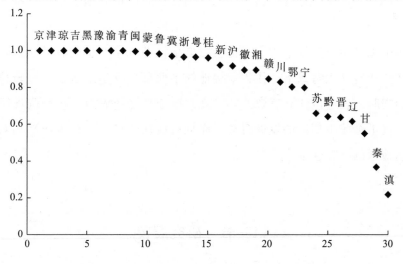

图 8 – 1　中国省际重金属排放重点监控企业达标率

产出中的份额，从而不利于居民的健康人力资本投资和教育人力资本投资等，对地区经济的长期可持续发展造成极大的压力。

3. 欠发达地区承接产业转移时应建立环境门槛

随着经济发展水平的提高，东部地区在劳动力成本、环境规制等因素方面的劣势越来越明显，而中西部地区在交通方面的劣势也得以改善，中国出现显著的产业梯度转移现象。冯根福、刘志勇等（2010）的研究表明中国各个地区有明显的相对产业转移现象，从 2000 年到 2006年，东部地区的石油炼焦业、专用设备制造业、石油开采业、非金属矿采业、饮料制造业和医药制造业均发生了明显的从东部地区向中西部地区的转移，从中可以发现发生梯度转移的产业主要是污染密集型产业；魏玮、毕超（2011）利用 2004～2008 年产业转移中新建企业的面板数据进行实证分析，发现在中国区域产业转移中存在"污染避难所"效应；隋广军、郭南芸（2008），何龙斌（2013），侯伟丽、方浪等（2013）的研究也支持在中国产业的区域转移过程中存在"污染避难所"效应。然而，尽管放松环境管制可以让中西部欠发达地区在中国产业梯度转移过程中获得更多的发展机会，但同时也会使中西部地区陷入"污染避难所"的境地，激化地区经济增长与环境污染之间的矛盾。最后，基于本书的结论，环境污染程度的增加将会显著降低地区劳动生产率，并且环境污染水平明显高于平均水平也会降低地区劳动生产率的收敛速度。因此在产业转移大背景下，作为承接地的中西部欠发达地区在引进转移产业的同时，也应该建立有效的环境规制措施来避免成为"污染避难所"，这不仅不会减少地区的发展机会，而且可以加快地区劳动生产率相对于发达地区的赶超速度。

第三节　研究展望

在经济发展的过程中，中国的环境问题逐渐严峻，然而在已有基于中国的环境库兹涅茨假说的研究中中国依然处于 EKC 的左半端，环境污染物的排放仍将随着经济发展水平的提高而增加。由于 EKC 转折点并不会自动到来，环境污染与经济增长之间的关系也变得越来越复杂，因此本书在内生经济增长理论的基础上，结合 EKC 假说来建立环境污染影响劳动生产率的局部均衡模型进行理论分析，然后针对中国的劳动生产率和环境污染现状进行实证研究。然而 EKC 假说在中国的存在性依然受到众多研究的质疑，因此基于此的理论分析模型也存在一定的偏颇，所以关于环境污染与经济增长之间关系的更为严谨的研究成果将有利于环境污染与劳动生产率关系的进一步刻画。

　　本书主要从环境污染影响厂商的生产成本信息和居民的健康人力资本等渠道来探析环境污染对劳动生产率的影响，然而环境污染对劳动生产率的影响是多方面和多渠道的，并且由于劳动生产率与经济增长具备明显的内生关系，因此劳动生产率与环境污染也具备内生关系，所以刻画环境污染对劳动生产率的影响也有赖于新的理论分析工具和计量分析工具的发展。由于中国省际环境污染和环境规制的数据来源和数据质量较差（张成等，2012），因此限制了本书的计量分析过程，而随着环境统计数据的完善，更高质量的数据能够更好地刻画环境污染与劳动生产率之间的关系，并且获得更为稳健的实证分析结果。

参考文献

[1] 白重恩、钱震杰：《国民收入的要素分配：统计数据背后的故事》，《经济研究》2009 年第 3 期。

[2] 包群、彭水军：《经济增长与环境污染：基于面板数据的联立方程估计》，《世界经济》2006 年第 11 期。

[3] 蔡春光：《空气污染健康损失的条件价值评估与人力资本评估比较研究》，《环境与健康杂志》2009 年第 11 期。

[4] 蔡昉：《中国经济增长：如何转向全要素生产率驱动型》，《中国社会科学》2013 年第 1 期。

[5] 蔡昉、王美艳：《中国城镇劳动参与率的变化及其政策含义》，《中国社会科学》2004 年第 4 期。

[6] 曾贤刚、蒋妍：《空气污染健康损失中统计生命价值评估研究》，《中国环境科学》2010 年第 2 期。

[7] 陈任杰、陈秉衡、阚海东：《上海市近地面臭氧污染的健康影响评价》，《中国环境科学》2010 年第 5 期。

[8] 陈任杰、陈秉衡、阚海东：《我国 113 个城市大气颗粒物污染的健康经济学评价》，《中国环境科学》2010 年第 3 期。

[9] 陈诗一：《工业二氧化碳的影子价格：参数化和非参数化方法》，《世界经济》2010 年第 8 期。

[10] 陈诗一：《中国的绿色工业革命：基于环境全要素生产率视角的

解释（1980—2008）》，《经济研究》2010 年第 11 期。

[11] 陈士杰：《杭州市大气污染对人体健康危害的经济损失研究》，《中国公共卫生》1999 年第 4 期。

[12] 陈媛媛：《行业环境管制对劳动就业影响的经验研究：基于 25 个工业行业的实证研究》，《当代经济科学》2011 年第 3 期。

[13] 池振合、杨宜勇：《2004—2008 年劳动收入占比估算》，《统计研究》2013 年第 11 期。

[14] 单豪杰：《中国资本存量 K 的再估算：1952—2006 年》，《数量经济技术经济研究》2008 年第 10 期。

[15] 丁焕峰、李佩仪：《中国区域污染与经济增长实证：基于面板数据联立方程》，《中国人口资源与环境》2012 年第 1 期。

[16] 丁仁船：《宏观经济因素对中国城镇劳动供给的影响》，《中国人口科学》2010 年第 3 期。

[17] 董凤鸣、莫运政、李国星等：《大气颗粒物（PM10/PM2.5）与人群循环系统疾病死亡关系的病例交叉研究》，《北京大学学报》（医学版）2013 年第 3 期。

[18] 都阳、曲玥：《劳动报酬、劳动生产率与劳动力成本优势——对 2000–2007 年中国制造业企业的经验研究》，《中国工业经济》2009 年第 5 期。

[19] 范剑勇：《产业集聚与地区劳动生产率差异》，《经济研究》2006 年第 11 期。

[20] 冯根福、刘志勇、蒋文定：《我国东中西部地区间工业产业转移的趋势、特征及形成原因分析》，《当代经济科学》2010 年第 2 期。

[21] 傅帅雄、张可云、张文彬：《环境规制与中国工业区域布局的"污染天堂"效应》，《山西财经大学学报》2011 年第 7 期。

[22] 高红霞、杨林、付海东：《中国各省经济增长与环境污染关系的

研究与预测——基于环境库兹涅茨曲线的实证分析》,《经济学
动态》2012 年第 1 期。

[23] 何龙斌:《国内污染密集型产业区际转移路径及引申——基于
2000－2001 年相关工业产品产量面板数据》,《经济学家》2013
年第 6 期。

[24] 何艳秋:《行业完全碳排放的测算及应用》,《统计研究》2012
年第 3 期。

[25] 贺彩霞、冉茂盛:《环境污染与经济增长——基于省际面板数据
的区域差异研究》,《中国人口资源与环境》2009 年第 2 期。

[26] 侯伟丽、方浪、刘硕:《"污染避难所"在中国是否存在?——
环境管制与污染密集型产业区际转移的实证分析》,《经济评论》
2013 年第 4 期。

[27] 胡名操:《环境保护实用数据手册》,机械工业出版社,1990。

[28] 胡晓珍、杨龙:《中国区域绿色全要素生产率增长差异及收敛分
析》,《财经研究》2011 年第 4 期。

[29] 黄潇:《与收入相关的健康不平等扩大了吗?》,《统计研究》
2012 年第 6 期。

[30] 简新华:《论中国的重新重工业化》,《中国经济问题》2005 年
第 5 期。

[31] 蒋金荷:《中国碳排放测算及影响因素分析》,《资源科学》2011
年第 4 期。

[32] 金银龙、李永红、常君瑞等:《我国五城市大气多环芳烃污染水
平及健康风险评价》,《环境与健康杂志》2011 年第 9 期。

[33] 阚海东、陈秉衡、贾健:《上海市大气污染与居民每日死亡关系
的病例交叉研究》,《中华流行病学杂志》2003 年第 10 期。

[34] 匡远凤、彭代彦:《中国环境生产效率与环境全要素生产率分
析》,《经济研究》2012 年第 7 期。

［35］李谷成、陈宁陆、闵锐：《环境规制条件下中国农业全要素生产率增长与分解》，《中国人口·资源与环境》2011 年第 11 期。

［36］李玲、陶锋：《污染密集型产业的绿色全要素生产率及影响因素——基于 SBM 方向性距离函数的实证分析》，《经济学家》2010 年第 12 期。

［37］李玲、陶锋：《中国制造业最优环境规制强度的选择——基于绿色全要素生产率的视角》，《中国工业经济》2012 年第 5 期。

［38］李小平、卢现祥：《国际贸易、污染产业转移和中国工业 CO_2 排放》，《经济研究》2010 年第 1 期。

［39］李小胜、安庆贤：《环境规制成本与环境全要素生产率研究》，《世界经济》2012 年第 12 期。

［40］佚名：《厉以宁：重型化是中国经济必经阶段》，《中国建材》2005 年第 1 期。

［41］林伯强、刘希颖：《中国城市化阶段的碳排放：影响因素和减排策略》，《经济研究》2010 年第 8 期。

［42］刘修岩：《集聚经济与劳动生产率：基于中国城市面板数据的实证研究》，《数量经济技术经济研究》2009 年第 7 期。

［43］罗长远、张军：《经济发展中的劳动收入占比：基于中国产业数据的实证研究》，《中国社会科学》2009 年第 4 期。

［44］苗艳青、陈文晶：《空气污染和健康需求：Grossman 模型的应用》，《世界经济》2010 年第 6 期。

［45］彭希哲、田文华：《上海市空气污染疾病经济损失的意愿支付研究》，《世界经济文汇》2003 年第 2 期。

［46］任艳军、李秀央、金明娟等：《大气颗粒物污染与心血管疾病死亡的病例交叉研究》，《中国环境科学》2007 年第 5 期。

［47］桑燕鸿、周大杰、杨静：《大气污染对人体健康影响的经济损失研究》，《生态经济》2010 年第 1 期。

［48］沈可挺、龚健健：《环境污染、技术进步与中国高耗能产业——基于环境全要素生产率的实证分析》，《中国工业经济》2011 年第 12 期。

［49］司言武：《环境税"双重红利"假说评述》，《经济研究与经济管理》2008 年第 1 期。

［50］苏伟、刘景双：《吉林省经济增长与环境污染关系研究》，《干旱区资源与环境》2008 年第 2 期。

［51］隋广军、郭南芸：《东部发达城市产业转移的角色定位：广州证据》，《改革》2008 年第 10 期。

［52］田贺中、郝吉明、陆永琪等：《中国氮氧化物排放清单及分布特征》，《中国环境科学》2001 年第 6 期。

［53］田银华、贺胜兵、胡石其：《环境约束下地区全要素生产率增长的再估算》，《中国工业经济》2011 年第 1 期。

［54］涂正革、肖耿：《中国的工业生产力革命——用随机前沿生产模型对中国大中型工业企业全要素生产率增长的分解及分析》，《经济研究》2005 年第 3 期。

［55］涂正革、肖耿：《中国工业增长模式的转变——大中型企业劳动生产率的非参数生产前沿动态分析》，《管理世界》2006 年第 10 期。

［56］涂正革、肖耿：《环境约束下的中国工业增长模式研究》，《世界经济》2009 年第 1 期。

［57］王兵、吴延瑞、严鹏飞：《环境规制与全要素生产率增长：APEC 的实证研究》，《经济研究》2008 年第 5 期。

［58］王兵、吴延瑞、严鹏飞：《中国区域环境效率与环境全要素生产率增长》，《经济研究》2010 年第 5 期。

［59］王弟海、龚六堂、李弘毅：《健康人力资本、健康投资和经济增长——以中国跨省数据为例》，《管理世界》2008 年第 3 期。

[60] 王慧文、林刚、潘秀丹等：《沈阳市大气悬浮颗粒物与心血管疾病死亡率》，《环境与健康杂志》2003 年第 1 期。

[61] 王金玉、李盛、王式功等：《沙尘污染对暴露人群呼吸系统健康的影响》，《中国沙漠》2013 年第 3 期。

[62] 王立军、马文秀：《人口老龄化与中国劳动力供给变迁》，《中国人口科学》2012 年第 6 期。

[63] 王奇、王会、陈海丹：《中国农业绿色全要素生产率变化研究：1992 – 2010》，《经济评论》2012 年第 5 期。

[64] 王文兴、王纬、张婉华等：《我国 SO_2 和 NO_x 排放强度地理分布和历史趋势》，《中国环境科学》1996 年第 3 期。

[65] 胥卫平、魏宁波：《西安市大气和水污染对人群健康损害的经济价值损失研究》，《中国人口·资源与环境》2007 年第 4 期。

[66] 许士春、何正霞：《中国经济增长与环境污染关系的实证分析：来自 1990 – 2005 年省际面板数据》，《经济体制改革》2007 年第 4 期。

[67] 薛建良、李秉龙：《基于环境修正的中国农业全要素生产率度量》，《中国人口·资源与环境》2011 年第 5 期。

[68] 杨俊、王佳、张宗益：《中国省际碳排放差异与碳减排目标实现——基于碳洛伦兹曲线的分析》，《环境科学学报》2012 年第 8 期。

[69] 杨俊、陈怡：《基于环境因素的中国农业生产率增长研究》，《中国人口·资源与环境》2011 年第 6 期。

[70] 杨俊、邵汉华：《环境约束下的中国工业增长状况研究——基于 Malmquist – Luenberger 指数的实证分析》，《数量经济技术经济研究》2009 年第 9 期。

[71] 杨俊、盛鹏飞：《环境污染对劳动生产率的影响研究》，《中国人口科学》2012 年第 5 期。

［72］杨敏娟、潘小川：《北京市大气污染与居民心脑血管疾病死亡的时间序列分析》，《环境与健康杂志》2008年第4期。

［73］杨文举、张亚云：《中国地区工业的劳动生产率差距演变——基于DEA的经验分析》，《经济与管理研究》2010年第10期。

［74］叶祥松、彭良燕：《我国环境规制下的规制效率与全要素生产率研究：1999－2008》，《财贸经济》2011年第2期。

［75］殷永文、程金平、段玉森等：《某市霾污染因子PM2.5引起居民健康损害的经济学评价》，《环境与健康杂志》2011年第3期。

［76］於方、过孝民等：《2004年中国大气污染造成的健康经济损失评估》，《环境与健康杂志》2007年第12期。

［77］于云江、王琼、张艳平等：《兰州市大气主要污染物环境与健康风险评价》，《环境科学研究》2012年第7期。

［78］张车伟、蔡翼飞：《中国劳动供求态势变化、问题与对策》，《人口与经济》2012年第4期。

［79］张成、陆旸、郭路等：《环境规制强度和生产技术进步》，《经济研究》2011年第2期。

［80］张海峰、姚先国：《经济集聚、外部性与企业劳动生产率》，《管理世界》2010年第12期。

［81］张海峰、姚先国等：《教育质量对地区劳动生产率的影响》，《经济研究》2010年第7期。

［82］张金昌：《中国劳动生产率：是高还是低?》，《中国工业经济》2002年第4期。

［83］张军、吴桂英和张吉鹏：《中国省际物质资本存量估算：1952—2000》，《经济研究》2004年第10期。

［84］张军、陈诗一、Gary Jefferson：《结构变革与中国工业增长》，《经济研究》2009年第7期。

［85］张强、耿冠楠、王斯文等：《卫星遥感观测中国1996－2010年

氮氧化物排放变化》，《科学通报》2012 年第 16 期。

[86] 朱劲松、刘传江：《重新重工业化对我国就业的影响——基于技术中性理论与实证数据的分析》，《数量经济技术经济研究》2006 年第 12 期。

[87] 庄宇、张敏、郭鹏：《西部地区经济发展与水文环境质量的相关分析》，《环境科学与技术》2007 年第 4 期。

[88] Van Aardenne, John, A., et al., "Anthropogenic NOx emissions in Asia in the period 1990 – 2020", *Atmospheric Environment* 33 (4), 1999, pp. 633 – 646.

[89] Aghion, Philippe, and Peter Howitt, "A Model of Growth through Creative Destruction", *Econometrica* 60 (2), 1992, pp. 323 – 351.

[90] Arellano, Manuel, and Stephen Bond, "Some Tests of Specification for Panel Data: Monte Carlo Evidence and an Application to Employment Equations", *The Review of Economic Studies* 58 (2), 1999, pp. 277 – 297.

[91] Arrow, Kenneth, J., "The Economic Implication of Learning by Doing", *The Review of Economic Studies* 29 (3), 1962, pp. 155 – 173.

[92] Asmild, M., Paradi, J. C. and Aggarwall, V., et al., "Combining Dea Window Analysis with the Malmquist Index Approach in s Study of the Canadian Banking Industry", *Journal of Productivity Analysis* 21 (1), 2004, pp. 67 – 89.

[93] Baltagi, B. H., Griffin, J. M. and Xiong, W., "To Pool or Not to Pool: Homogeneous Versus Heterogeneous Estimators Applied to Cigarette Demand", *The Review of Economics and Statistics* 82 (1), 2000, pp. 117 – 126.

[94] Barro, Robert and X Sala – I – Martin, *Economic Growth* (New York, US: Mcgraw – Hill Press, 1995), p. 239.

[95] Barro, Robert, J. , "Economic Growth in a Cross Section of Countries", *Quarterly Journal of Economics* 106 (5), 1989, pp. 407 – 443.

[96] Barro, Robert, J. , "Human Capital and Growth", *The American Economic Review* 91 (2), 2001, pp. 12 – 17.

[97] Barro, Robert, J. , and X Sala – I – Martin, "Convergence across States and Regions", *Brookings Papers on Economic Activity* 22 (1), 1991, pp. 107 – 182.

[98] Barros, C. P. , Managi, S. , Matousek, R. , "The Technical Efficiency of the Japanese Banks: Non – Radial Directional Performance Measurement with Undesirable Outputs", *Omega – International Journal of Management Science* 40 (1), 2012, pp. 1 – 8.

[99] Baum, C. F. , Schaffer, M. E. and Stillman, S. , "Instrumental Variables and GMM: Estimation and Testing", *Stata Journal* 3 (1), 2003, pp. 1 – 31.

[100] Baumol, W. J. , "Macroeconomics of Unbalanced Growth: the Anatomy of Urban Crisis", *The American Economic Review* 57 (3), 1967, pp. 415 – 442.

[101] Baumol, W. J. , "Productivity Growth, Convergence, and Welfare: What the Long – Run Data Show", *The American Economic Review* 76 (11), 1989, pp. 1072 – 1085.

[102] Berman, E. and Bui, T. M. , Linda, "Environmental Regulation and Labor Demand: Evidence from the South Coast Air Basin", *Journal of Public Economics* 79 (2), 2001, pp. 265 – 295.

[103] Bloom, D. E. , Canning, D. , Sevilla, J. , "The Effect of Health on Economic Growth: A Production Function Approach", *World development* 32 (1), 2004, pp. 1 – 13.

[104] Bovenberg, A. L. and Mooij, A. , "Environmental Levies and Dis-

tortionary Taxation", *The American Economic Review* 84（4）, 1994,
pp. 1085 – 1089.

[105] Bovenberg, A. L. and Mooij, A. , "Environmental Tax Reform
and Endogenous Growth", *Journal of Public Economics* 63（2）, 1997,
pp. 207 – 237.

[106] Bruvoll, A. , Glomsrød, S. , Vennemo, H. , "Environmental
Drag: Evidence from Norway", *Ecological Economics* 30（2）, 1999,
pp. 235 – 249.

[107] Bunzel, H. and Qiao, X. , "Endogeneous Lifetime and Economic
Growth Revisited", *Economics Bulletin* 15（8）, 2005, pp. 1 – 8.

[108] Burnett, R. T. et al. , "Associations between Short – Term Chan-
ges in Nitrogen Dioxide and Mortality in Canadian Cities", *Archives
of Environmental Health* 59（5）, 2004, pp. 228 – 236.

[109] Cass, David, "Optimum Growth in an Aggregative Model of Cap-
ital Accumulation", *The Review of Economic Studies* 32（3）, 1965,
pp. 233 – 240.

[110] Chakraborty, S. , "Endogeneous Lifetime and Economic Growth",
Journal of Economic Theory 116（1）, 2004, pp. 119 – 137.

[111] Chambers, R. G. , Chung, Y. and Fare, R. , "Benefit and Distance
Functions", *Journal of Economic Theory* 70（2）, 1996, pp. 407 – 419.

[112] Charnes, A. , Copper, W. , and Golany, B. et al. , "Foundations
of Data Envelopment Analysis for Pareto – Koopmans Efficient Em-
pirical Production Functions", *Journal of Econometrics* 30（1）, 1985,
pp. 91 – 107.

[113] Charnes, A. , Cooper, W. W. , Rhodes, E. , "Measuring the Ef-
ficiency of Decision Making Units", *European Journal of Operational
Research* 6（2）, 1978, pp. 429 – 444.

[114] Chen, Z. C. and Lin, Z. S. , "Multiple Timescale Analysis and Factor Analysis of Energy Ecological Footprint Growth in China 1953 – 2006", *Energy Policy* 36 (5) , 2006, pp. 1666 – 1678.

[115] Chung, Y. H. , Fare, R. , and Grosskopf, S. , "Productivity and Undesirable Outputs: a Directional Distance Function Approach", *Journal of Environmental Management* 51 (3) , 1998, pp. 229 – 240.

[116] Clarke – Sather, A. , Qu, J. , and Wang Q. et al. , "Carbon Inequality at the Sub – National Scale: A Case Study of Provincial – Level Inequality in CO_2 Emissions in China 1997 – 2007", *Energy Policy* 39 (9) , 2011, pp. 5420 – 5428.

[117] Cole, M. A. , "Trade, The Pollution Haven Hypothesis and the Environmental Kuznets Curve: Examining the Linkages", *Ecological Economics* 48 (1) , 2004, pp. 71 – 81.

[118] D'Arge, Ralph, C. , "Essay on Economic Growth and Environmental Quality", *The Swedish Journal of Economics* 73 (1) , 1971, pp. 25 – 41.

[119] Zhang, Daisheng, et al. , "The Assessment of Health Damage Caused by Air Pollution and Its Implication for Policy Making in Taiyuan, Shanxi, China", *Energy Policy* 38 (1) , 2010, pp. 491 – 502.

[120] Daudey, E. and Garcia – Penalosa, C. , "The Personal and the Factor Distributions of Income in a Cross – Section of Countries", *Journal of Development Studies* 5 (43) , 2007, pp. 812 – 829.

[121] DeLong, J. Bradford, "Productivity Growth, Convergence, and Welfare: Comment", *The American Economic Review* 78 (11) , 1998, pp. 1138 – 1154.

[122] Denison, E. F. , "Accounting for Slower Economic Growth: The United States in The 1970s", *Southern Economic Journal* 47 (4) ,

1981, pp. 1191 - 1193.

[123] Domer, Evsey, D. , "Capital Expansion, Rate of Growth, and Employment", *Econometrica* 14 (2), 1946, pp. 137 - 147.

[124] Esterlin, Richard, A. , "Regional Growth of Income: Long - Run Tendencies", *Population Redistribution and Economic Growth*, *United States*, 1870 - 1950. *Analysis of Economic Change*, ed. Simon Kuznets, Ann Ratner Miller, Richard A. Esterlin (Philadelphia: American Philosophical Society, 1957).

[125] Fare, R. , Grosskopf, S. , Hernandez - Sancho, F. , "Environmental performance: an index number approach", *Resource and Energy economics* 26 (4), 2004, pp. 343 - 352.

[126] Fare, R. , Grosskopf, S. , Lovell, C. A. K. , et al. , "Multilateral Productivity Comparisons When Some Outputs Are Undesirable: A Nonparametric Approach", *The Review of Economics and Statistics* 71 (1), 1989, pp. 90 - 98.

[127] Fare, R. , Grosskopf, S. , "A comment on weak disposability in nonparametric production analysis", *American Journal of Agricultural Economics* 91 (2), 2009, pp. 535 - 538.

[128] Fare, R. , Grosskopf, S. and Carl, A. et al. , "Environmental Production Functions and Environmental Directional Distance Functions", *Energy* 32 (7), 2007, pp. 1055 - 1066.

[129] Fare, R. , Grosskopf, S. , and Lovell, C. A. K. et al. , "Derivation of Shadow Prices for Undesirable Outputs: a Distance Function Approach", *The Review of Economics and Statistics* 75 (2), 1993, pp. 374 - 380.

[130] Fogel, Robert, W. , "Economic Growth, Population Theory, and Physiology: The Bearing of Long - Term Processes on the Making of

Economic Policy", *The American Economic Review* 84 （3）, 1994, pp. 369 – 395.

[131] Fogel, Robert. W. , "The Relevance of Malthus for the Study of Mortality Today: Long – Run Influences on Health, Mortality, Labor Force Participation, and Population Growth", NBER Working Paper, 1994.

[132] Fogel, Robert. W. , "New Findings on Secular Trends in Nutrition and Mortality: Some Implications for Population Theory", Hand book of Population and Family Economics, ed Rosenzweig, Mark Richard, and Oded Stark （Oxford, UK: Gulf Professional Publishing, 1997）.

[133] Fried, H. O. , Lovell, C. A. K. and Schmidt, S. S. , The Measurement of Productive Efficiency: Techniques and Applications （New York: Oxford University Press, 1993）.

[134] Fukuyama, H. , Weber, W. L. , "A Directional Slack – Based Measure of Technical Efficiency", *Socio – Economic Planning Sciences* 43 （4）, 2009, pp. 274 – 287.

[135] Fukuyama, H. , Yoshida, Y. , and Managi, S. , "Model Choice between Air and Rail: a Social Efficiency Benchmarking Analysis That Considers CO_2 Emissions", *Environmental Economics and Policy Studies* 13 （2）, 2011, pp. 89 – 102.

[136] Fullerton, D. and Kim, S. , "The Trade – off between Environmental Care and Long – term Growth – Pollution in Three Prototype Growth Models", *Journal of Economics* 58 （1）, 2006, pp. 25 – 51.

[137] Gannon, B. and Bolan, B. , "Disability and Labour Market Participation", *HRB Working Papers*, 2003.

[138] Gawande, K. , Berrens, R. , Bohara, A. , "A Consumption –

based Theory of the Environmental Kuznets Curve", *Ecological Economics* 37 (1), 2001, pp. 101 – 112.

[139] Glick, Peter and Sahn, et al. , "Health and Productivity in a Heterogeneous Urban Labour Market", *Applied Economics* 30 (2), 2003, pp. 203 – 216.

[140] Golany, B. , Roll, Y. , "An Application Procedure for Dea", *Omega – International Journal of Management Science* 17 (3), 1989, pp. 237 – 250.

[141] Zivin, J. and Neidell, M. , "The Impact of Pollution on Worker Productivity", *The American Economic Review* 102 (7), 2012, pp. 3652 – 3673.

[142] Gray, W. B. , "The Cost of Regulation: OSHA, EPA and the Productivity Slowdow", *The American Economic Review* 77 (5), 1987, pp. 998 – 1006.

[143] Greenstone, M. , "The Impacts of Environmental Regulations on Industrial Activity: Evidence from the 1970 and 1977 Clean Air Act Amendments and the Census of Manufactures", *Journal of Political Economy* 110 (6), 2002, pp. 1175 – 1219.

[144] Greiner, A. and Hanusch, H. , "Growth and Welfare Effects of Fiscal Policy in an Endogenous Growth Model with Public Investment", *International Tax and Public Finance* 5 (3), 1998, pp. 249 – 261.

[145] Grossman, Gene, M. , and Alan B. Krueger, "Economic Growth and the Environment", *Quarterly Journal of Economics* 110 (2), 1994, pp. 353 – 377.

[146] Grossman, M. , "On the Concept of Health Capital and the Demand for Health", *Journal Of Political Economy* 80 (2), 1972, pp. 223 – 255.

[147] Grossman, Gene, M. and Elhanan Helpman, Innovation and Growth in the Global Economy (Cambridge, MA: MIT Press, 1993).

[148] Hanna, R. , Oliva, P. , "The Effect of Pollution on Labor Supply: Evidence from A Natural Experiment in Mexico City", *Journal of Public Economics* 122 (2), 2015, pp. 68 – 79.

[149] Hansen, B. E. , "Threshold Effects in Non – Dynamic Panels: Estimation, Testing, and Inference", *Journal of Econometrics* 93 (2), 1999, pp. 345 – 368.

[150] Harrod, Roy, F. , "An Essay in Dynamic Theory", *The Economic Journal* 49 (193), pp. 14 – 33.

[151] Hartog, J. J. , Hoek, G. , Peters, A. et al. , "Effects of Fine and Ultrafine Particles on Cardiorespiratory Symptoms in Elderly Subjects with Coronary Heart Disease: the ULTRA Study", *American Journal of Epidemiology* 157 (7), 2003, pp. 613 – 623.

[152] Ibald – Mulli, A. , Ilmonen, K. L. , and Peters, A. et al. , "Effects of Particulate Air Pollution on Blood Presure and Heart Rate in Subjects with Cardiovascular Disease: a Multi – Center Approach", *Environmental Health Perspectives* 112 (3), 2004, pp. 369 – 377.

[153] Inada, K. I. , "Some Structural Characteristics of Turnpike Theorems", The Review of Economic Studies 31 (1), 1964, pp. 43 – 58.

[154] Inge Mayeres and Denis Van Regemorter, "Modelling the health related benefits of environmental Policies and their feedback effects: a CGE analysis for the EU countries with GEM – E3", *The Energy Journal* 1 (29), 2008, pp. 135 – 150.

[155] Jesse Schwartz and Robert Repetto, "Nonseparable Utility and the Double Dividend Debate: Reconsidering the Tax – Interaction Effect",

Environment and Resource Economics 2 (15), 2003, pp. 149 – 157.

[156] Jones, L. E. , Manuelli, R. E. , "Endogenous Policy Choice: The Case of Pollution and Growth", *The Review of Economic Dynamics* 4 (2), 2001, pp. 369 – 405.

[157] Kahn, M. E. , "A household level environmental Kuznets curve", *Economics Letters* 59 (2), 1998, pp. 269 – 273.

[158] Kaufmann, R. K. , Davidsdottir, B. , Garnham, S. , et al. , "The determinants of atmospheric SO_2 concentrations: reconsidering the environmental Kuznets curve", *Ecological Economics* 25 (2), 1998, pp. 209 – 220.

[159] Kerstens, K. , Vande Woestyne, L. , "Negative Data in DEA: A Simple Proportional Distance Function Approach", *Journal of the Operational Research Society* 62 (7), 2011, pp. 1413 – 1419.

[160] Kira, M. , Kyung – Min, N. , Noelle, E. S. et al. , "Health Damages from Air Pollution in China", Global Environmental Change – Human and Policy Dimensions 22 (1), 2012, pp. 55 – 66.

[161] Klotz, B. , Madoo, R. and Hansen, R. , A Study of High and Low ' Labor Productivity ' Establishments in US Manufacturing, *New Developments in Productivity Measurement and Analysis*, ed. J. W. Kendrick and B. N. Vaccara (Chicago: The University of Chicago Press, 1980) .

[162] Kneese, A. V. and Bower, B. T. , Managing Water Quality: Economics, Technology and Institutions (Baltimore, The John Hopkins University Press, 1971) .

[163] Korhonen, Pekka J. , and Mikulas Luptacik, "Eco – Efficiency Analysis of Power Plants: An Extension of Data Envelopment Analysis", *European Journal of Operational Research* 154 (2), 2004, pp. 437 – 446.

［164］ Aunan, Kristin, and Xiao – Chuan Pan, "Exposure – Response Functions For Health Effects of Ambient Air Pollution Applicable For China – A Meta – Analysis", *Science of the Total Environment* 329 (1), 2004, pp. 3 – 16.

［165］ Krueger, Alan B. , and Mikael Lindahl, "Education for Growth: Why and for Whom?", *Journal of Economic Literature* 39 (4), 2001, pp. 1101 – 1136.

［166］ Kumbhakar, Subal C. , "Efficiency Measurement with Multiple Outputs and Multiple Inputs", *Journal of Productivity Analysis* 7 (2), 1996, pp. 225 – 255.

［167］ Lee, Jeong – Dong, Jong – Bok Park, and Tai – Yoo Kim, "Estimation of The Shadow Prices of Pollutants With Production/Environment Inefficiency Taken into Account: A Nonparametric Directional Distance Function Approach", *Journal of Environmental Management* 64 (4), 2002, pp. 365 – 375.

［168］ Linn, William S. , et al. , "Replicated Dose – Response Study of Sulfur Dioxide Effects In Normal, Atopic, And Asthmatic Volunteers", *American Review of Respiratory Disease* 136 (5) 1987, pp. 1127 – 1135.

［169］ Linn, William S. , et al. , "Respiratory Effects of Sulfur Dioxide in Heavily Exercising Asthmatics: A Dose – Response Study 1 – 3", *American Review of Respiratory Disease* 127 (3), 1983, pp. 278 – 283.

［170］ Lopez, Ramon, and Siddhartha Mitra, "Corruption, Pollution, and the Kuznets Environment Curve", *Journal of Environmental Economics and Management* 40 (2), 2000, pp. 137 – 150.

［171］ Lovell, CA Knox, Jesus T. Pastor, and Judi A. Turner. , "Measuring Macroeconomic Performance in the OECD: A Comparison of

European and Non – European Countries", *European Journal of Operational Research* 87 (3), 1995, pp. 507 – 518.

[172] Luenberger, David G., "Externalities and Benefits", *Journal of Mathematical Economics* 24 (2), 1995, pp. 159 – 177.

[173] Luenberger, David G., "New Optimality Principles for Economic Efficiency and Equilibrium", *Journal of Optimization Theory and Applications* 75 (2), 1992, pp. 21 – 264.

[174] Magnani, Elisabetta, "The Environmental Kuznets Curve, Environmental Protection Policy and Income Distribution", *Ecological Economics* 32 (3), 2000, pp. 431 – 443.

[175] Malthus, Thomas R., An Essay on the Principle of Population (London: W. Pickering, Cambridge University Press, 1978).

[176] Martinez, Alier Joan, "Distributional Issues in Ecological Economics", *Review of Social Economy* 53 (4), 1995, pp. 511 – 528.

[177] Metzger, Kristi Busico, et al., "Ambient Air Pollution and Cardiovascular Emergency Department Visits", *Epidemiology* 15 (1), 2004, pp. 46 – 56.

[178] Greenstone, Michael, "The Impacts of Environmental Regulations on Industrial Activity: Evidence from the 1970 and 1977 Clean Air Act Amendments and the Census of Manufactures", *Journal of Political Economy* 110 (6), 2002, pp. 1175 – 1219.

[179] Morgenstern, Richard D., William A. Pizer, and Jhih – Shyang Shih, "Jobs versus the Environment: An Industry – Level Perspective", *Journal of Environmental Economics and Management* 43 (3), 2002, pp. 412 – 436.

[180] Mushkin, Selma J., "Health as an Investment", *Journal of Political Economy* 70 (5), 1962, pp. 129 – 157.

[181] Niemela, Raimo, et al. , "The Effect of Air Temperature on Labour Productivity in Call Centres—a Case Study", *Energy and Buildings* 34 (8), 2002, pp. 759 – 764.

[182] Panayotou T. , Empirical Tests and Policy Analysis of Environmental Degradation at Different Stages of Economic Development (Geneva, International Labour Organization, 1993).

[183] Pearce, David, "The Role of Carbon Taxes in Adjusting To Global Warming", *The Economic Journal* 101 (407), 1991, pp. 938 – 948.

[184] Pesaran, M. Hashem, and Ron Smith, "Estimating Long – Run Relationships from Dynamic Heterogeneous Panels", *Journal of Econometrics* 68 (1), 1995, pp. 79 – 113.

[185] Pesaran, M. H. , Shin, Y. and Smith, R. P. , "Estimating Long – run Relationships in Dynamic Heterogeneous Panels", *DAE Working Papers Amalgamated Series* 9721, 1997.

[186] Pesaran, M. Hashem, Yongcheol Shin, and Ron P. Smith, "Pooled Mean Group Estimation of Dynamic Heterogeneous Panels", *Journal of the American Statistical Association* 94 (446), 1999, pp. 621 – 634.

[187] Pigou, A. C. , A Study in Public Finance (The 3rd Edition) (London: Macmillan and co. , limited , 1928).

[188] Pittman, Russell W. , "Multilateral Productivity Comparisons with Undesirable Outputs", *The Economic Journal* 93 (372), 1983, pp. 883 – 891.

[189] Ponka, Antti, "Absenteeism and Respiratory Disease among Children and Adults in Helsinki In Relation To Low – Level Air Pollution and Temperature", *Environmental Research* 52 (1), 1990, pp. 34 – 46.

[190] Pope III, Arden, C. et al. , "Lung Cancer, Cardiopulmonary Mortality, and Long – Term Exposure to Fine Particulate Air Pollution", *Journal of the American Medical Association* 287 (9), 2002, pp. 1132 – 1141.

[191] Portela, MCA Silva, Emmanuel Thanassoulis, and Gary Simpson, "Negative Data in Dea: A Directional Distance Approach Applied To Bank Branches", *Journal of the Operational Research Society* 55 (10), 2004, pp. 1111 – 1121.

[192] Porter, M. E. , "America's Green Strategy", *Scientific American* 264 (1), 1991.

[193] Prichett, Lant, "Where Has All the Education Gone? ", *World Bank Economic Review* 15 (3), 2001, pp. 67 – 391.

[194] Stokey, Nancy L. , and Sergio Rebelo, "Growth Effects of Flat – Rate Taxes", *Journal of Political Economy* 103 (3), 1995, pp. 519 – 550.

[195] Richardo, D. , On the Principles of Political Economy and Taxation (Cambridge: Cambridge University Press, 1951) .

[196] Richards, T. , Weather, Nutribution and the Economy: The Analysis of Short Run Fluctuations in Births, Deaths and Marriages, France 1740 – 1909, *Pre – industrial Population Change*, ed. Bengtsson, G. Fridlizius, and R. Ohlsson (Stockholm: Almquist and Wiksell, 1984, pp. 357 – 389) .

[197] Romer, P. M. , "Growth Based on Increasing Return Due to Specialization", *The American Economic Review* 77 (2), 1987, pp. 56 – 62.

[198] Romer, Paul M. , "Endogenous Technological Change", *Journal of political Economy* 98 (5), 1990, pp. S71 – S102.

[199] Sahoo B. K. , Luptacik M. , Mahlberg B. , "Alternative Measures of Environmental Technology Structure In Dea: An Application", *Euro-*

pean *Journal of Operational Research* 215 (3), 2011, pp. 750 – 762.

[200] Sarnat, Jeremy A. , Joel Schwartz, and Helen H. Suh. , "Fine Particulate Air Pollution and Mortality in 20 Us Cities", *New England Journal Medcine* 344 (16), 2001, pp. 1253 – 1254.

[201] Schultz, T. W. , "Investment in Human Capital", *The American Economic Review* 51 (1), 1961, pp. 1 – 17.

[202] Schultz, T. Paul, and Aysit Tansel, "Wage and Labor Supply Effects of Illness in Cote d'Ivoire And Ghana: Instrumental Variable Estimates for Days Disabled", *Journal Of Development Economics* 53 (2), 1997, pp. 251 – 286.

[203] Schumpeter, J. A. , The Theory of Economic Development (Cambridge, MA: Harvard University Press, 1934) .

[204] Schwartz J. and Repetto R. , "Nonseparable Utility and the Double Dividend Debate: Reconsidering the Tax – Interaction Effect", *Environment and Resource Economics* 2 (15), 2000, pp. 149 – 157.

[205] Schwartz, Joel, Douglas W. Dockery, and Lucas M. Neas, "Is Daily Mortality Associated Specifically With Fine Particles?", *Journal of the Air & Waste Management Association* 46 (10), 1996, pp. 927 – 939.

[206] Selden, Thomas M. , and Daqing Song, "Environmental Quality And Development: Is There A Kuznets Curve For Air Pollution Emissions?", *Journal Of Environmental Economics And Management* 27 (2), 1994, pp. 147 – 162.

[207] Sharp, J. A. , Meng, W. , Liu, W. A. , "Modified Slack – Based Measure Model for Data Envelopment Analysis with 'Natural' Negative Outputs and Inputs", *Journal of the Operational Society* 58 (12), 2006, pp. 1672 – 1677.

[208] Shephard, R. W. , Theory of Cost and Production Functions (Princeton: Princeton University Press, 1970) .

[209] Solow, Robert M. , "Technical Change and the Aggregate Production Function", *The review of Economics and Statistics* 39 (3) , 1957, pp. 312 – 320.

[210] Song Tao, Zheng Tingguo, et al. , "An EmpiricalTest of the Environmental Kuznets Curve in China: A Panel Cointegration Approach", *China Economic Review* 19 (3) , 2008, pp. 381 – 392.

[211] Stokey N. , "Are There Limits to Growth?", *International Economic Review* 39 (1) , 1998, pp. 1 – 31.

[212] Sufian, F. , "Benchmarking the efficiency of the Korean banking sector: a DEA approach", *Benchmarking: An International Journal* 18 (1) , 2007, pp. 107 – 127.

[213] Swan, T. W. , "Economic Growth and Capital Accumulation", *Economic Record* 32 (2) , 1956, pp. 334 – 361.

[214] Thampapillai D. J. , Hanf C. H. , Thangavelu S M. The Environmental Kuznets Curve Effect and The Scarcity Of Natural Resources (Sydney, Australia: Macquarie University NSW, 2003) .

[215] Thomas, Duncan and Strauss, J. , "Health and Wages: Evidence on Men and Women in Urban Brazil", *Journal of Econometrics* 77 (1) , 1997, pp. 159 – 185.

[216] Tone, K. A. , "Slacks – Based Measure of Efficiency in Data Envelopment Analysis", *European Journal of Operational Research* 130 (3) , 2001, pp. 498 – 509.

[217] Tulkens H. , Eeckaut P. V. , "Non – Parametric Efficiency, Progress and Regress Measures For Panel Data: Methodological Aspects", *European Journal of Operational Research* 80 (3) , 1995,

pp. 474 – 499.

[218] Tullock G. , "Excess Benefit", *Water Resource Research* 3 (2), 1967, pp. 643 – 644.

[219] Uzawa, H. , "Optimal Growth in a Two – Sector Model of Capital Accumulation", *The Review of Economic Studies* 31 (1), 1964, pp. 1 – 24.

[220] Walker W. R. , "The Transitional Costs of Sectoral Reallocation: Evidence from the Clean Air Act and the Workforce ", *Quarterly Journal of Economics* 128 (4), 2013, pp. 35.

[221] Williams Ⅲ, R. C. , "Health effects and Optimal Environment Taxes", *Journal of Public Economics* 87 (2), 2003, pp. 323 – 335.

[222] Wong, Chit – Ming, et al. , "A Tale of Two Cities: Effects of Air Pollution on Hospital Admissions in Hong Kong and London Compared", *Environmental health perspectives* 110 (1), 2002, pp. 67 – 77.

[223] Wu S. , Deng F. , Wei H. , et al. , "Association of Cardiopulmonary Health Effects with Source – Appointed Ambient Fine Particulate In Beijing, China: A Combined Analysis From The Healthy Volunteer Natural Relocation (Hvnr) Study", *Environmental Science & Technology* 48 (6), 2014, pp. 3438 – 3448.

附　录

附表1　中国省际劳动生产率（1990～2000年）

	1990	1991	1992	1993	1994	1995	1996	1997	1998	1999	2000
北京	0.333	0.350	0.409	0.486	0.545	0.607	0.622	0.582	0.679	0.849	0.924
天津	0.293	0.296	0.345	0.374	0.444	0.533	0.596	0.569	0.545	0.541	0.592
河北	0.060	0.059	0.093	0.109	0.157	0.174	0.192	0.216	0.213	0.236	0.218
辽宁	0.106	0.270	0.274	0.300	0.280	0.278	0.291	0.314	0.309	0.289	0.291
上海	0.381	0.403	0.504	0.589	0.717	0.762	0.780	0.807	1.229	1.390	1.507
江苏	0.066	0.065	0.105	0.188	0.199	0.254	0.257	0.282	0.279	0.250	0.249
浙江	0.066	0.070	0.084	0.084	0.148	0.162	0.312	0.300	0.323	0.304	0.288
福建	0.076	0.072	0.113	0.134	0.215	0.242	0.251	0.276	0.286	0.310	0.305
山东	0.076	0.083	0.145	0.211	0.227	0.209	0.238	0.260	0.255	0.203	0.169
广东	0.095	0.101	0.126	0.194	0.329	0.361	0.312	0.409	0.415	0.311	0.095
广西	0.042	0.040	0.062	0.073	0.094	0.123	0.129	0.126	0.136	0.119	0.114
海南	0.084	0.080	0.245	0.224	0.243	0.251	0.257	0.253	0.254	0.276	0.222
山西	0.080	0.074	0.107	0.161	0.155	0.162	0.171	0.189	0.194	0.210	0.177
内蒙古	0.067	0.064	0.100	0.156	0.154	0.166	0.181	0.199	0.196	0.217	0.211
吉林	0.073	0.070	0.104	0.168	0.167	0.176	0.194	0.214	0.228	0.255	0.237
黑龙江	0.178	0.257	0.268	0.215	0.209	0.225	0.235	0.234	0.222	0.219	0.247
安徽	0.044	0.039	0.047	0.036	0.010	0.004	0.043	0.047	0.061	0.037	0.179
江西	0.046	0.046	0.054	0.076	0.118	0.117	0.126	0.130	0.141	0.125	0.130
河南	0.047	0.045	0.068	0.078	0.099	0.132	0.143	0.138	0.145	0.129	0.113

	1990	1991	1992	1993	1994	1995	1996	1997	1998	1999	2000
湖北	0.053	0.051	0.059	0.086	0.075	0.113	0.169	0.164	0.177	0.162	0.180
湖南	0.047	0.044	0.067	0.075	0.092	0.044	0.067	0.058	0.080	0.102	0.105
重庆	0.048	0.044	0.065	0.073	0.108	0.116	0.083	0.101	0.105	0.126	0.128
四川	0.044	0.041	0.062	0.070	0.107	0.113	0.093	0.104	0.084	0.122	0.103
贵州	0.036	0.034	0.034	0.051	0.076	0.079	0.074	0.075	0.078	0.081	0.065
云南	0.044	0.042	0.064	0.073	0.092	0.119	0.125	0.125	0.136	0.123	0.129
陕西	0.061	0.057	0.082	0.089	0.108	0.133	0.135	0.141	0.146	0.135	0.153
甘肃	0.043	0.041	0.062	0.055	0.095	0.097	0.089	0.100	0.108	0.099	0.105
青海	0.067	0.063	0.090	0.097	0.142	0.140	0.142	0.135	0.152	0.138	0.149
宁夏	0.142	0.218	0.224	0.237	0.192	0.186	0.188	0.182	0.177	0.184	0.178
新疆	0.093	0.092	0.272	0.311	0.259	0.277	0.301	0.274	0.310	0.303	0.465

附表 2　中国省际劳动生产率（2001～2011 年）

	2001	2002	2003	2004	2005	2006	2007	2008	2009	2010	2011
北京	0.976	1.009	1.413	0.786	0.811	0.734	0.874	0.956	1.063	1.158	1.019
天津	0.621	0.662	0.682	0.779	0.811	0.817	0.997	1.053	2.047	1.686	3.181
河北	0.270	0.222	0.221	0.237	0.495	0.396	0.361	0.437	0.419	0.538	0.550
辽宁	0.296	0.251	0.320	0.286	0.276	0.729	0.765	0.610	0.581	0.603	1.329
上海	1.718	1.830	2.005	2.011	2.241	1.668	1.353	1.399	2.414	1.933	3.295
江苏	0.297	0.558	0.627	0.695	0.782	0.773	0.953	1.019	1.097	1.291	1.203
浙江	0.388	0.411	0.691	0.716	0.712	0.765	0.789	0.807	0.742	0.854	0.852
福建	0.351	0.366	0.282	0.562	0.527	0.506	0.501	0.452	0.549	0.812	1.523
山东	0.236	0.258	0.331	0.553	0.597	0.631	0.663	0.719	0.807	0.947	1.247
广东	0.284	0.594	0.425	0.020	0.373	0.410	0.918	1.027	1.053	1.382	1.714
广西	0.151	0.147	0.125	0.133	0.135	0.141	0.316	0.287	0.277	0.338	0.513
海南	0.294	0.274	0.208	0.226	0.227	0.231	0.247	0.514	0.521	0.549	0.653
山西	0.240	0.239	0.197	0.221	0.202	0.456	0.417	0.359	0.384	0.584	0.656
内蒙古	0.249	0.199	0.390	0.736	0.919	0.780	0.684	0.776	1.536	1.560	2.214
吉林	0.276	0.264	0.217	0.234	0.497	0.410	0.470	0.427	0.563	0.812	1.582
黑龙江	0.289	0.280	0.236	0.220	0.197	0.194	0.469	0.516	0.557	0.564	0.558
安徽	0.042	0.078	0.083	0.205	0.197	0.190	0.287	0.295	0.284	0.301	0.441

	2001	2002	2003	2004	2005	2006	2007	2008	2009	2010	2011
江西	0.165	0.125	0.136	0.146	0.147	0.309	0.323	0.329	0.348	0.417	0.465
河南	0.153	0.162	0.130	0.137	0.141	0.153	0.333	0.354	0.261	0.297	0.591
湖北	0.209	0.219	0.169	0.178	0.180	0.380	0.407	0.335	0.315	0.311	0.701
湖南	0.101	0.128	0.115	0.124	0.125	0.123	0.126	0.322	0.326	0.392	0.338
重庆	0.164	0.132	0.144	0.162	0.167	0.350	0.371	0.316	0.311	0.397	0.472
四川	0.110	0.162	0.122	0.138	0.140	0.131	0.169	0.166	0.232	0.275	0.353
贵州	0.072	0.070	0.067	0.070	0.072	0.080	0.167	0.180	0.183	0.189	0.251
云南	0.147	0.141	0.118	0.124	0.111	0.126	0.269	0.248	0.266	0.336	0.373
陕西	0.184	0.173	0.148	0.158	0.160	0.340	0.345	0.313	0.278	0.506	0.586
甘肃	0.134	0.106	0.105	0.116	0.120	0.137	0.295	0.300	0.306	0.360	0.406
青海	0.180	0.181	0.146	0.168	0.175	0.362	0.284	0.240	0.288	0.449	0.512
宁夏	0.210	0.208	0.166	0.372	0.508	0.290	0.328	0.371	0.359	0.586	0.845
新疆	0.533	0.575	0.632	0.696	0.729	0.555	0.445	0.459	0.432	0.636	0.908

附表 3　中国省际劳动生产率效率损失（1990～2000 年）

	1990	1991	1992	1993	1994	1995	1996	1997	1998	1999	2000
北京	0.296	0.291	0.277	0.245	0.288	0.238	0.243	0.259	0.259	0.272	0.257
天津	0.382	0.401	0.391	0.419	0.388	0.240	0.222	0.275	0.311	0.331	0.301
河北	0.521	0.532	0.513	0.512	0.524	0.516	0.499	0.488	0.495	0.479	0.481
辽宁	0.160	0.353	0.279	0.315	0.247	0.281	0.291	0.273	0.263	0.228	0.175
上海	0.134	0.184	0.088	0.015	0.000	0.000	0.051	0.069	0.103	0.096	0.107
江苏	0.479	0.483	0.426	0.420	0.394	0.393	0.373	0.357	0.339	0.325	0.313
浙江	0.472	0.442	0.332	0.141	0.116	0.108	0.118	0.169	0.192	0.179	0.214
福建	0.396	0.427	0.408	0.398	0.348	0.328	0.339	0.313	0.319	0.315	0.320
山东	0.392	0.420	0.408	0.411	0.384	0.468	0.471	0.466	0.457	0.451	0.451
广东	0.245	0.199	0.000	0.000	0.000	0.000	0.010	0.000	0.000	0.006	0.000
广西	0.667	0.683	0.674	0.669	0.647	0.625	0.631	0.649	0.655	0.661	0.689
海南	0.335	0.362	0.412	0.307	0.319	0.343	0.372	0.414	0.401	0.410	0.427
山西	0.369	0.414	0.436	0.501	0.530	0.549	0.542	0.553	0.531	0.551	0.543
内蒙古	0.468	0.489	0.476	0.519	0.534	0.539	0.526	0.528	0.536	0.537	0.530
吉林	0.417	0.445	0.452	0.481	0.494	0.511	0.491	0.493	0.461	0.456	0.472

续表

	1990	1991	1992	1993	1994	1995	1996	1997	1998	1999	2000
黑龙江	0.595	0.431	0.393	0.335	0.367	0.420	0.427	0.459	0.476	0.467	0.450
安徽	0.648	0.688	0.667	0.388	0.221	0.099	0.070	0.000	0.054	0.000	0.081
江西	0.634	0.637	0.572	0.608	0.641	0.644	0.639	0.640	0.643	0.643	0.664
河南	0.624	0.644	0.643	0.650	0.631	0.601	0.598	0.617	0.632	0.651	0.690
湖北	0.582	0.598	0.568	0.558	0.554	0.506	0.524	0.560	0.560	0.582	0.598
湖南	0.627	0.647	0.648	0.662	0.654	0.583	0.472	0.325	0.334	0.406	0.460
重庆	0.620	0.653	0.660	0.673	0.672	0.647	0.613	0.536	0.622	0.636	0.669
四川	0.653	0.673	0.674	0.685	0.675	0.658	0.632	0.569	0.565	0.607	0.629
贵州	0.715	0.732	0.730	0.735	0.768	0.761	0.756	0.764	0.771	0.770	0.768
云南	0.654	0.668	0.661	0.671	0.656	0.638	0.642	0.654	0.654	0.671	0.712
陕西	0.513	0.550	0.568	0.599	0.598	0.632	0.626	0.647	0.637	0.652	0.659
甘肃	0.657	0.672	0.675	0.715	0.711	0.705	0.704	0.722	0.725	0.718	0.728
青海	0.470	0.504	0.524	0.563	0.570	0.611	0.605	0.626	0.614	0.656	0.667
宁夏	0.677	0.522	0.491	0.532	0.462	0.512	0.540	0.578	0.581	0.608	0.604
新疆	0.260	0.270	0.383	0.411	0.301	0.320	0.332	0.363	0.340	0.353	0.450

附表4　中国省际劳动生产率效率损失（2001~2011年）

	2001	2002	2003	2004	2005	2006	2007	2008	2009	2010	2011
北京	0.250	0.276	0.287	0.356	0.360	0.303	0.203	0.107	0.046	0.000	0.004
天津	0.300	0.291	0.299	0.222	0.212	0.238	0.296	0.273	0.215	0.127	0.034
河北	0.484	0.483	0.467	0.450	0.518	0.679	0.666	0.654	0.665	0.621	0.565
辽宁	0.136	0.067	0.000	0.063	0.182	0.234	0.252	0.412	0.439	0.444	0.367
上海	0.066	0.055	0.036	0.093	0.083	0.091	0.042	0.018	0.072	0.000	0.000
江苏	0.306	0.357	0.364	0.320	0.287	0.254	0.207	0.172	0.160	0.115	0.052
浙江	0.257	0.248	0.257	0.248	0.274	0.260	0.237	0.218	0.227	0.175	0.175
福建	0.328	0.333	0.323	0.437	0.487	0.514	0.544	0.610	0.606	0.580	0.536
山东	0.447	0.433	0.407	0.486	0.464	0.444	0.414	0.397	0.383	0.349	0.296
广东	0.058	0.075	0.055	0.000	0.051	0.047	0.000	0.000	0.011	0.000	0.000
广西	0.712	0.708	0.700	0.690	0.683	0.663	0.638	0.735	0.793	0.766	0.734
海南	0.439	0.456	0.458	0.461	0.467	0.446	0.271	0.370	0.377	0.346	0.435
山西	0.541	0.526	0.515	0.484	0.473	0.478	0.611	0.689	0.713	0.698	0.660

	2001	2002	2003	2004	2005	2006	2007	2008	2009	2010	2011
内蒙古	0.525	0.507	0.597	0.669	0.624	0.576	0.518	0.464	0.412	0.357	0.328
吉林	0.472	0.476	0.467	0.454	0.495	0.697	0.668	0.631	0.603	0.580	0.518
黑龙江	0.447	0.444	0.433	0.432	0.416	0.420	0.425	0.424	0.501	0.513	0.518
安徽	0.063	0.000	0.000	0.000	0.002	0.003	0.000	0.000	0.003	0.000	0.000
江西	0.684	0.689	0.675	0.660	0.653	0.646	0.629	0.632	0.699	0.784	0.759
河南	0.707	0.704	0.689	0.681	0.668	0.643	0.620	0.627	0.768	0.747	0.711
湖北	0.600	0.600	0.594	0.585	0.577	0.564	0.533	0.678	0.697	0.697	0.676
湖南	0.536	0.606	0.639	0.593	0.609	0.632	0.627	0.604	0.618	0.619	0.669
重庆	0.685	0.672	0.648	0.623	0.607	0.599	0.575	0.727	0.731	0.657	0.592
四川	0.696	0.704	0.688	0.680	0.670	0.594	0.502	0.538	0.423	0.297	0.154
贵州	0.783	0.789	0.800	0.815	0.812	0.809	0.796	0.779	0.781	0.775	0.783
云南	0.719	0.720	0.715	0.711	0.711	0.698	0.692	0.705	0.703	0.710	0.807
陕西	0.649	0.657	0.644	0.631	0.623	0.611	0.616	0.784	0.759	0.738	0.697
甘肃	0.744	0.738	0.726	0.724	0.686	0.671	0.662	0.664	0.736	0.813	0.790
青海	0.655	0.640	0.620	0.601	0.588	0.586	0.799	0.792	0.784	0.767	0.735
宁夏	0.598	0.588	0.566	0.628	0.792	0.786	0.768	0.744	0.731	0.697	0.664
新疆	0.711	0.704	0.695	0.687	0.702	0.697	0.686	0.683	0.677	0.671	0.640

图书在版编目（CIP）数据

环境污染与劳动生产率／盛鹏飞著． —— 北京：社
会科学文献出版社，2017.8
（河南大学经济学学术文库）
ISBN 978 - 7 - 5201 - 0993 - 2

Ⅰ.①环… Ⅱ.①盛… Ⅲ.①环境污染 - 影响 - 劳动
生产率 - 研究 Ⅳ.①X5②F014.2

中国版本图书馆 CIP 数据核字（2017）第 150123 号

·河南大学经济学学术文库·
环境污染与劳动生产率

著　　者／盛鹏飞

出 版 人／谢寿光
项目统筹／恽　薇　陈凤玲
责任编辑／宋淑洁　汪　涛

出　　版／社会科学文献出版社·经济与管理分社（010）59367226
　　　　　地址：北京市北三环中路甲 29 号院华龙大厦　邮编：100029
　　　　　网址：www.ssap.com.cn
发　　行／市场营销中心（010）59367081　59367018
印　　装／北京季蜂印刷有限公司

规　　格／开　本：787mm×1092mm　1/16
　　　　　印　张：12.25　字　数：162 千字
版　　次／2017 年 8 月第 1 版　2017 年 8 月第 1 次印刷
书　　号／ISBN 978 - 7 - 5201 - 0993 - 2
定　　价／68.00 元

本书如有印装质量问题，请与读者服务中心（010 - 59367028）联系

▲ 版权所有 翻印必究